MYSTÈRE DE LA FRAGILITÉ

ISABELLE MORDANT

MYSTÈRE DE LA FRAGILITÉ

Préface de Cédric Villani

LES ÉDITIONS DU CERF

www.editionsducerf.fr
24, rue des Tanneries
75013 Paris

ISBN 978-2-204-12531-4

À peine les ont-ils déposés sur les planches,
Que ces rois de l'azur, maladroits et honteux,
Laissent piteusement leurs grandes ailes blanches
Comme des avirons traîner à côté d'eux.

CHARLES BAUDELAIRE,
L'Albatros, *Les Fleurs du mal*

Ce qu'il y a de faible dans le monde,
voilà ce que Dieu a choisi
pour confondre ce qui est fort.

SAINT PAUL,
Première Épître aux Corinthiens

PRÉFACE

Juillet 2015 : un collègue attire mon attention sur la quasi-absence de filles dans la nouvelle promotion de mathématique de l'École normale supérieure. Rien de surprenant, hélas : depuis la mise en place du concours mixte, il y a plus de trente ans, il n'y a jamais eu plus de 15 % de filles par promotion… et ces temps-ci on est plus proche de 0 % que de 15 % !

En l'occurrence, la liste d'admission est très claire : moins d'une fille sur vingt. Notre société est incapable de promouvoir ses talents scientifiques féminins et ce n'est pas glorieux.

Mais en parcourant cette liste, il y a d'autres choses qui me sautent aux yeux : plusieurs noms connus de moi – de jeunes mathématiciens amateurs que j'ai pu rencontrer, au cours des années passées, à l'occasion de concours et activités variées. Le fils d'un camarade de promotion y figure en très bonne place… il y aurait beaucoup à dire sur ce que certains appellent la « reproduction des élites intellectuelles », mais je suis sincèrement heureux de savoir que ce jeune homme extrêmement motivé se débrouille si bien.

Et parmi ces mathématiciens en herbe, dans la promotion 2015, il y avait aussi Thomas Mordant !

J'avais rencontré, l'année précédente, ce jeune homme atteint d'une forme rare et très handicapante de maladie des os de verre, cloué à son fauteuil roulant, rêvant d'une carrière dans l'enseignement supérieur et la recherche. Que nos institutions puissent faire de la place à un tel handicap est pour moi une source de fierté. Cela me renvoie d'ailleurs au souvenir du temps de ma propre intégration, promotion 1992 : l'un d'entre nous était atteint d'une maladie dégénérative et nous nous relayions pour pousser son fauteuil roulant.

Dans la recherche, et plus généralement dans le domaine de la création, on a l'habitude de ne pas s'arrêter aux premières impressions, et on a une conscience aiguë de ce que certaines personnes handicapées peuvent apporter. Des mathématiciens et des artistes de grand talent qui sont aveugles, sourds, déséquilibrés, paralysés, nous en avons connu plus d'un ! Stephen Hawking, que j'ai eu le privilège de rencontrer dans un colloque, n'était-il pas de ceux-là ? Ou mon collègue lyonnais Emmanuel Giroux ? Ou le légendaire mathématicien John Nash ? Ou bien la virtuose artiste Priscille Deborah ? Encore récemment, j'ai eu à encadrer un élève chinois atteint d'un lourd handicap moteur, et cela a été très enrichissant.

Car les personnes handicapées ont beaucoup à nous apprendre sur nous-mêmes, sur notre humanité et notre identité ; et chacun a son génie propre, sa spécificité, sa résilience. Pendant des années, dans le cadre de l'association Musaïques, aux côtés de l'artiste Patrice Moullet, j'ai pu rencontrer et côtoyer des enfants autistes ou polyhandicapés, qui bien des fois ont suscité notre admiration et nous ont apporté leur lumière.

Aussi était-ce avec curiosité et intérêt que j'ai pris connaissance du témoignage d'Isabelle Mordant, la mère de Thomas. Son fils y apparaît plein de courage et de grandeur, son récit nous élève. Mais on y trouve encore bien plus que cela.

Dans le récit d'Isabelle, on retrouve aussi, sans misérabilisme ni dissimulation, les extraordinaires difficultés que les parents de jeunes handicapés doivent surmonter, le courage dont ils doivent faire preuve. Car ces parents sont de véritables héros des temps modernes !

Mais on y découvre aussi des histoires d'incompréhension, de rejet, de conflits liés au handicap, qui nous rappellent à quel point les humains peuvent être leurs propres adversaires.

Et on y trouve encore l'incroyable frustration que peut provoquer la machine administrative quand elle s'occupe de gérer des situations humaines complexes. Isabelle m'avait dit qu'elle avait dû affronter mille difficultés pour scolariser Thomas, mais je n'avais pas imaginé à quel point elle avait eu à surmonter les absurdités et les lenteurs qui vous donnent envie de hurler ou de tout faire sauter.

L'administration, quand elle fonctionne bien, c'est la façon de définir les règles et processus humains qui assurent la victoire de la raison sur les instincts, du collectif sur l'égoïsme ; mais trop souvent, cela se change en la victoire de la procédure sur le bon sens. Et pour le législateur que je suis devenu, c'est une souffrance de voir les occasions où la loi est bafouée, une souffrance non moins grande de voir les situations où la loi est appliquée de façon simplement absurde. En ce sens le récit d'Isabelle est un formidable ouvrage de référence, qui sera utile tant aux parents en quête de courage, qu'aux pouvoirs publics traquant les dysfonctionnements.

À la fin, ce n'est qu'en dépensant quantité d'énergie et de ressources que les parents de Thomas Mordant réussissent à triompher. Le constat est parfois difficile, mais le message est fort : l'un dans l'autre, on peut trouver en interne et en externe des alliés efficaces, et avec un peu de chance triompher à la fois du handicap et de l'administration. Et regagner la liberté de choisir son avenir, l'égalité que la loi souhaite garantir aux citoyens, la fraternité qui nous fait considérer tous les humains, au-delà de nos sentiments de pitié ou d'admiration, comme nos semblables.

CÉDRIC VILLANI

Jour de fête

4 septembre 2015, rue d'Ulm. Thomas fait sa rentrée à l'École normale supérieure. Son amour pour les mathématiques lui a donné des ailes, à lui qui ne marche pas : en juillet, il a été brillamment reçu au concours d'entrée, sans doute le plus difficile en France dans cette discipline, avec trois années d'avance. Il n'a pas encore dix-sept ans. Paul et moi sommes évidemment remplis de joie et de fierté. Mais ces sentiments vont certainement bien au-delà de ce qu'éprouvent les parents des autres « conscrits[1] ». La maladie de Thomas ne l'empêche pas seulement de marcher. Tout au long de ces presque dix-sept années, sa fragilité osseuse l'a fait beaucoup souffrir ; nous ne faisons plus le compte des fractures, des hospitalisations et des opérations.

1. Nom donné dans la communauté normalienne aux élèves de première année, qui viennent de réussir le concours d'entrée à l'École.

Et elle a progressivement déformé et abîmé son corps, jusqu'à le rendre presque entièrement dépendant. Thomas ne peut même plus écrire. Alors, cette réussite à ce concours, qui lui offre des perspectives d'études et de recherches exaltantes dans le domaine qu'il aime, représente bien plus pour nous que la satisfaction de voir le travail et les efforts de notre enfant justement récompensés. C'est une grande victoire, celle de la volonté infaillible de Thomas de mener la vie qu'il souhaite malgré la maladie.

En entrant à « Normale Sup' », Thomas découvre un cercle fermé de chercheurs et d'étudiants de très haut niveau, passionnés par leurs spécialités. Il y semble parfaitement à sa place, tant il partage leurs goûts, mais aussi une certaine manière, très cérébrale, d'appréhender le monde qui les entoure. Ici, la conformité n'est pas de mise, il n'y a ni moule ni modèle ; les personnalités se côtoient et s'apprécient tout en conservant leur singularité, parfois leur extravagance. Et dans cet univers, comme par miracle, le fauteuil roulant, et toutes les complications matérielles qui jalonnent notre vie quotidienne depuis des années, sont eux aussi remis à leur juste place, celle de l'accessoire. Thomas n'est plus « un handicapé » qui insiste pour faire des études, soulevant au passage toutes sortes de difficultés techniques et administratives, mais un jeune futur chercheur en mathématiques dont l'infirmité n'est qu'un détail pratique qui, dans l'esprit de ses camarades et des enseignants, trouvera nécessairement des solutions. Il est accueilli avec attention certes, chacun veillant à ce que ses contraintes soient prises en compte, mais aussi avec une grande simplicité, sans apitoiement ni misérabilisme. Pour moi, qui depuis des années enchaîne les démarches afin que Thomas puisse faire les études qu'il aime et dont je le sens capable, et à qui maintes et maintes fois on a répondu que c'était impossible et même, d'ailleurs, inutile, cette attitude est nouvelle et incroyablement rafraîchissante. Il me semble que Thomas est enfin arrivé chez lui. Au-delà de ma fierté et de ma joie, je savoure le sentiment que Thomas, à qui tout le monde, ou presque, prédisait une existence misérable, va être heureux ici. Les mois qui suivront ne me détromperont pas. Je rends hommage à toutes ces personnes qui voient en Thomas un jeune homme doué, enthousiaste, passionné par ce qu'il fait, joyeux, et qui ne le réduisent pas à son handicap ; et je me désole qu'il faille entrer dans ce tout petit monde de Normale Sup' pour que le regard posé sur mon fils soit enfin celui-ci.

Cette belle journée de fin d'été, ensoleillée mais pas trop chaude, est ponctuée de conférences captivantes, de rencontres conviviales et d'événements festifs organisés pour accueillir à l'École les nouveaux normaliens ; dans cet établissement, qui est aussi un lieu de vie, où les enseignants sont quasiment tous d'anciens élèves, tout est fait pour donner aux étudiants le sentiment d'entrer dans une famille. Les places sont chères, acquises par ce concours d'entrée si difficile, si éprouvant, passé au terme de deux années de classes préparatoires dont la réputation d'exigence et de tension n'est plus à faire. Tous les jeunes sont heureux d'avoir réussi, tous les parents sont fiers. Pour moi, cela signifie beaucoup plus. Aujourd'hui, Thomas commence une nouvelle vie. Et cette vie, tout jusqu'ici semblait la lui interdire.

Inquiétudes

« Vous l'allaitez ? Mais vous n'allez tout de même pas le nourrir jusqu'à ses dix-huit ans ! » me lance le pédiatre sans ménagement. Je suis au bord des larmes. Dans son cabinet, je suis en train de me faire vertement sermonner. Thomas a deux mois et demi, c'est un bébé bien rond, mais depuis trois semaines, il n'a pas pris de poids. Il ne me semblait pas anormal de le nourrir encore à cet âge, mais apparemment, mon lait ne suffit pas et j'aurais dû ajouter des biberons. Je me sens terriblement coupable. À ma décharge, je suis une toute jeune maman et Thomas est mon premier enfant. Je n'ai aucune expérience de la maternité, et Paul et moi vivons en province, loin de nos familles : je ne reçois guère de conseils.

Je suis une mère inquiète. Depuis sa naissance, Thomas pleure beaucoup. Ses gémissements me mettent mal à l'aise, je le prends souvent dans mes bras pour le bercer, mais cela ne le calme pas. À chaque consultation, je signale cela au médecin, qui me répond avec une indulgence mêlée d'ironie que tous les bébés pleurent et que tout va bien. Il s'y connaît mieux que moi et je suis bien obligée de me fier à son avis.

Mon anxiété, d'ailleurs, dure depuis des mois. Sans raison, car rien ne laissait présager le moindre problème, j'ai vécu ma grossesse dans l'angoisse. La naissance de Thomas, en octobre 1998, le jour même de mes vingt-cinq ans, a bien sûr été un événement bouleversant pour Paul et pour moi, qui devenions parents de ce magnifique petit garçon, mais rien, objectivement, ne la distinguait des milliers d'autres naissances qui se produisent chaque jour. Tout se passait parfaitement normalement et mon bonheur aurait dû être sans nuage. Comme toute jeune maman, j'étais éblouie d'avoir mis au monde le bébé qui me paraissait le plus beau du monde. Débordante d'amour, j'étais aussi très sensible à la responsabilité qui m'incombait, celle de faire vivre ce petit être tout neuf et sans défense. Je doutais d'en être capable. Et lorsque, à la maternité, la sage-femme m'a remis le carnet de santé de Thomas, une inquiétude sourde m'a envahie. J'ai eu le pressentiment d'un malheur imminent et l'impression qu'un immense poids reposait sur mes épaules.

Les pleurs inconsolables de mon nourrisson viennent étayer cette angoisse. « Que veux-tu qu'il fasse, qu'il lise le journal ? » me taquine un ami à qui je confie mon souci. Bien sûr, un bébé pleure. Mais qu'il s'agisse de faim, de la nécessité d'être changé, du désir de compagnie ou de caresses, ou de l'énervement d'un nouveau-né en début de soirée, une maman le comprend et adapte son comportement à ces besoins. Pour Thomas, rien n'y fait : je suis impuissante. Quelque chose ne va pas. Mais le médecin ne m'écoute pas et mon insistance ne fait que l'irriter.

Ce n'est que le début d'un dialogue de sourds entre le corps médical et moi. Je n'ai ni expérience ni notion de médecine mais mon instinct est en alerte. À chaque consultation, je reçois du pédiatre toutes sortes de consignes sur l'alimentation, les soins, les allergies, mais jamais il n'accorde d'attention à mes observations. Je suis émotive, fatiguée, inquiète : cela discrédite à ses yeux de scientifique toutes mes remarques – et pourtant j'ai senti quelque chose qui se révélera essentiel.

Ce jour-là, en sortant du cabinet, je me rue à la pharmacie pour acheter du lait maternisé. Je sèvre Thomas en catastrophe, dans l'affolement. On découvrira plus tard que Thomas avait déjà des fractures à ce moment-là. Et quand il a des fractures, il souffre, et quand il souffre, il fuit dans le sommeil. Il dort en attendant que la douleur s'estompe et se nourrit beaucoup moins. On sait que les enfants malades ou hospitalisés ne prennent pas de poids pendant la période de crise. Il en va de même en cas de fracture et mon lait n'y était pour rien. Pour cette fois, j'en suis quitte pour un sevrage précipité et brutal, traumatisant pour Thomas comme pour moi, au demeurant parfaitement inutile, et un bel accès de culpabilité après la réprimande du médecin. La fracture, que nous ignorons, se consolide, Thomas reprend du poids ; j'ai encore quelques semaines de répit avant que le cauchemar débute.

Accusations

Les premiers mois, officiellement, Thomas va bien. Mes inquiétudes et l'épisode de son sevrage sont, de l'avis de tous, des aléas banals de la vie des jeunes parents. Thomas grandit et évolue conformément aux attentes du médecin et de ses grand-mères : tout est normal. Quand, à l'âge de six mois, il recommence à pleurer beaucoup, tout particulièrement quand je le prends dans son lit ou quand je le manipule pour l'habiller ou le laver, tout le monde impute cela à la percée de ses dents. Moi, j'ai l'impression qu'il a mal au cou, qu'à certains moments il ne peut plus tenir sa tête. Je consulte trois fois le pédiatre en trois semaines. Agacé par mon insistance, il finit par prescrire une radio. Elle ne montre rien : les os d'un bébé de l'âge de Thomas ne sont pas suffisamment denses pour qu'elle soit lisible. Une IRM suit, et le pédiatre obtient un rendez-vous auprès du chef du service d'orthopédie pédiatrique du

CHU[1] local. Il en est assez fier : ce professeur est une sommité, nous avons beaucoup de chance de pouvoir le consulter aussi rapidement.

Le jour dit, les infirmières qui l'assistent nous font entrer, Thomas et moi, dans son bureau. Je suis un peu embarrassée : près d'un mois s'est écoulé depuis les premières douleurs que Thomas a ressenties, je prends des précautions infinies quand je m'occupe de lui et à vrai dire, il a de moins en moins mal. Le professeur ne m'adresse ni un mot ni un regard. Son temps est précieux, et la déférence que tous lui témoignent m'intimide et me donne l'impression d'être bien audacieuse de le déranger, sans doute pour rien. Il ausculte rapidement Thomas sur une table d'examen. Il lui malaxe la nuque sans ménagement, et Thomas crie de douleur. Il a donc encore mal. Je m'en réjouis presque : le professeur va comprendre que j'ai une vraie raison de m'inquiéter, il ne va pas me renvoyer chez moi sans explication comme l'ont fait le pédiatre et le radiologue. Les infirmières rhabillent Thomas et me le rendent. Je le berce pour le consoler, sans me douter que ce sont les derniers instants, avant de longues semaines, pendant

1. Centre hospitalier universitaire : il s'agit du principal hôpital de la région.

lesquels il m'est permis de le tenir dans mes bras. Debout face au panneau lumineux sur lequel sont exposés les clichés des radios et de l'IRM de Thomas, entouré d'un groupe de jeunes internes, le professeur examine les images en silence. Au bout d'un moment, il en pointe une du doigt : Thomas a une fracture d'une vertèbre cervicale.

Seule de l'autre côté de son bureau, mon bébé toujours en pleurs dans les bras, je pousse un cri : « Une fracture ? » Mes larmes coulent sans même que j'en aie conscience. Dans la minute qui suit, sur l'injonction du médecin, une infirmière me prend Thomas pour l'installer sur un brancard. Il est immédiatement mis en traction : attaché sur un lit d'hôpital, le cou tiré par un impressionnant système de poulies et de poids, il est immobilisé dans une position qui permettra à la fracture de se consolider sans complication. Il devra rester ainsi pendant plusieurs semaines.

C'est à ce moment que les choses basculent. Dans mon esprit, il est évident que Thomas ne va pas bien. Il n'est jamais tombé, je le manipule avec de telles précautions que tout mon entourage me taquine pour ma prudence démesurée et, comme je ne travaille pas à cette époque, je ne le confie à personne. Un os ne se casse pas comme cela, il y a une raison, il faut la trouver ; soigner cette fracture du mieux possible afin qu'elle ne laisse pas de séquelle ne suffit pas.

Une maladie pourrait expliquer cette fracture, l'ostéogenèse imparfaite[1], souvent appelée maladie des os de verre. J'en ai entendu parler il y a quelques mois à l'occasion du décès du pianiste Michel Petrucciani qui en était atteint. Je pose la question aux médecins qui visitent Thomas chaque jour dans sa chambre, mais ils excluent cette hypothèse. Thomas ne présente pas les caractéristiques physiques de la plupart des enfants porteurs de cette pathologie. C'est un bébé replet alors qu'ils sont souvent chétifs. La fracture dont il souffre diffère des fractures qui permettent habituellement de conclure à ce diagnostic, qui sont en général des fractures franches des bras ou des jambes. Thomas n'a donc pas la maladie des os de verre. Il faut chercher une autre cause à cette fracture et pendant les six mois qui vont suivre, Thomas va subir toutes sortes d'examens invasifs et douloureux et de manipulations parfois brutales. Je me persuade que c'est nécessaire, que les médecins vont finir

1. Groupe de maladies d'origine génétique, caractérisées par une fragilité osseuse anormale. Il existe différents types d'ostéogenèse imparfaite, de gravités très diverses.

par trouver ce qu'il a, ou qu'à défaut ils auront le réflexe et la déontologie de consulter des confrères plus spécialisés. J'ai vingt-cinq ans, Thomas est mon premier enfant, je n'ai jamais eu le moindre problème de santé et le milieu hospitalier m'est inconnu : je n'ai aucune arme pour nous défendre et, dans ma candeur, je n'ai même pas l'idée qu'il pourrait y avoir lieu de le faire.

Après un mois et demi de traction cervicale au CHU, dans une petite chambre vitrée où je n'ai pas eu le droit de dormir, mais dans laquelle j'ai passé quatorze heures par jour à lui tenir compagnie et à m'occuper de lui, sous la surveillance ininterrompue des équipes d'infirmières et de médecins, Thomas peut rentrer à la maison. Il doit porter une minerve en permanence et on me demande de le présenter régulièrement à l'hôpital pour « suivi de la fracture ». On nous a donné une vague explication à cette dernière, une fragilité mécanique du cou de Thomas, prétendument due à une malformation osseuse locale. Je n'ai pas d'autre choix que de m'en satisfaire.

Les mois passent et nous fréquentons l'hôpital bien plus que ne l'exigerait ce suivi. Les incidents s'enchaînent. Un jour, Thomas ne bouge plus un bras, la semaine suivante c'est une jambe. Il a grandi, son système nerveux désormais plus évolué que celui d'un nouveau-né lui permet maintenant de contrôler ses mouvements, il immobilise donc de lui-même le membre qui le fait souffrir. Il ne pleure pas particulièrement, mais constater qu'il n'utilise plus telle ou telle partie de son corps suffit à établir qu'il a mal. Je l'emmène donc régulièrement aux urgences, sans rien comprendre à ce qui se passe, la supposée malformation cervicale n'expliquant évidemment pas tous ces événements. Il s'agit le plus souvent de fractures minimes, invisibles aux radios dans le cas d'un enfant si jeune. Après chaque consultation, on me le rend, pas toujours aimablement, en me disant de faire attention, et en ajoutant une note dans son dossier auquel je n'ai pas accès et qui s'alourdit de jour en jour.

Ce manège se poursuit jusqu'à la veille de son premier anniversaire. Quelques jours auparavant, alors que je me prépare à recevoir nos familles pour le fêter, dans la joie encore secrète que j'éprouve de me savoir depuis peu à nouveau enceinte, Thomas cesse une fois encore de bouger un bras. Mais aujourd'hui, notre passage aux urgences ne se solde pas par un retour à la maison sans explication. Après avoir fait réaliser une radio, le médecin de garde m'envoie directement, avec

Thomas, dans le bureau du chef du service d'orthopédie, qui le suit toujours pour sa fracture cervicale. Il veut son avis. Le professeur le donne tout net : je maltraite mon bébé, voilà l'explication de l'état de Thomas, et elle est évidente pour lui depuis notre première rencontre, il y a près de six mois, dans ce même bureau. Tous les examens que son équipe a fait subir à Thomas n'avaient qu'un seul objectif : confirmer les mauvais traitements qu'on me soupçonne de lui avoir infligés. Ils n'ont pas permis aux médecins d'obtenir la preuve qu'ils espéraient, et c'est au seul bénéfice du doute qu'on nous a rendu notre petit après les longues semaines de traction cervicale. Mais la suite de l'histoire et nos visites répétées au service des urgences nous accablent. Thomas est hospitalisé sur-le-champ. Nous n'avons plus le droit de le ramener à la maison, nous n'avons d'ailleurs plus aucun droit, une procédure va être engagée. Syndrome de Münchhausen par procuration[1], tel est le diagnostic à ce stade.

1. Forme de maltraitance au cours de laquelle un adulte responsable d'un tiers, généralement un enfant, feint, exagère ou provoque chez lui des problèmes de santé avant de le présenter aux services de soins. Le but est d'attirer l'attention et la compassion par le biais de la maladie de l'enfant.

Le voile se déchire : la réalité m'apparaît d'un coup dans toute son horreur. Cela fait des mois que nous vivons dans le mensonge : convaincus de ma culpabilité, les médecins, contrairement à ce qu'ils m'ont fait croire, n'ont rien fait pour diagnostiquer ce dont souffre Thomas. Nous n'avons pas la moindre idée de ce qu'a notre fils et, quand je comptais sur leur aide, ils s'enfonçaient – et nous avec eux – dans une piste que je sais fausse et sans issue. Combien, à cet instant, je me reproche ma naïveté et la confiance que j'ai aveuglément placée en eux ! Et quelle colère j'éprouve à l'idée que tous ces examens, souvent pénibles, parfois traumatisants pour Thomas, étaient inutiles !

Mais l'heure n'est ni aux regrets ni aux griefs. De tous les sentiments qui se bousculent en moi, celui qui domine, c'est l'affolement. Car j'ai beau crier et pleurer mon innocence, personne à l'hôpital ne me croit. Une seule preuve ou un seul aveu suffisent le plus souvent à établir la culpabilité. À l'inverse, quels arguments produire pour démontrer qu'on est innocent ? Nier à l'infini, comme je le fais, ne semble servir à rien. Je suis complètement impuissante. Mon souci principal, d'ailleurs, n'est pas tant de me disculper et de pouvoir retrouver mon enfant que de convaincre les médecins de chercher, enfin, ce qu'a réellement

Thomas : je ne le bats pas, il est donc forcément malade. Ce temps pendant lequel ils me croient responsable est autant de temps perdu pour chercher la vraie raison de toutes ces fractures et, sans doute, pour le soigner.

Pendant plusieurs jours, on nous interroge et réinterroge, Paul et moi, ensemble et séparément. On fouille l'intimité de notre couple pourtant si ordinaire pour trouver une origine à mes supposées déviances. On nous humilie, on nous malmène. Tout ce que nous disons est interprété et déformé pour aller dans le sens des médecins, comme je le constaterai des années plus tard dans le dossier médical de Thomas.

Les nausées me rappellent ma grossesse débutante, et je me préoccupe brusquement du bébé que j'attends. Je m'en ouvre à l'équipe médicale : il faut trouver rapidement de quelle maladie Thomas souffre, dans le cas où son petit frère, ou sa petite sœur, pourrait en être atteint lui aussi. On me demande si cette grossesse était désirée et on m'incite, plus ou moins explicitement, à l'interrompre. Ma mère s'inquiète et essaie d'obtenir des informations auprès du chef de service. Il lui répond que je ne suis pas vraiment enceinte, que je ne prétends l'être que pour apitoyer ceux qui m'entourent : il ne faut pas qu'elle me croie, je manipule tout le monde. D'ailleurs, sait-elle si je prends une contraception ? Et quand elle affirme qu'elle ne doute pas de la réalité de mon état, il s'exclame : « Mais qu'est-ce qui lui a pris de faire un autre bébé ? »

J'insiste auprès des médecins : sont-ils absolument sûrs que Thomas n'est pas atteint de cette maladie des os de verre que nous avons évoquée avec eux il y a quelques mois ? Une pédiatre de l'hôpital vient dans la chambre de Thomas me décrire, avec force détails techniques et sanglants, les opérations d'enclouage qu'un enfant porteur de cette pathologie doit subir. Je l'écoute, mon beau bébé dans les bras, les yeux écarquillés devant l'atrocité des images qu'elle évoque. « Avez-vous vraiment envie qu'on lui fasse tout ça ? » Soudain, je comprends sa manœuvre. En menaçant Thomas d'interventions effroyables, elle essaie de me faire avouer. Car si je reconnais avoir provoqué moi-même toutes ces fractures, c'est qu'il n'a pas cette maladie, et alors on ne lui fera rien. Ce n'est rien d'autre que du chantage. Cette femme est un bourreau et elle me torture. « Dites-nous qu'il est tombé ! » me répète-t-elle, pensant sans doute me laisser une issue honorable. Ma seule force est de ne pas céder : je n'ai jamais fait de mal à Thomas, il n'est jamais tombé, je ne peux pas mentir, de toute façon je sais bien que cela ne lui serait d'aucun secours. Mon petit garçon est malade et il faut chercher ce qu'il a ; je répète ces mots inlassablement, de manière obsessionnelle.

Nous fêtons son anniversaire, et le mien, dans la salle de jeux de l'hôpital. Nos parents et deux de mes belles-sœurs sont venus pour la journée. Personne ne comprend vraiment ce qui se passe. Certaines réalités sont tellement intolérables qu'on ne peut les concevoir. Personne n'a pensé à faire un gâteau : nous posons une bougie sur un biscuit sec. Thomas, un an, amusé par la flamme, tend la main pour essayer de la toucher et crie en sentant sa chaleur. Les infirmières se précipitent pour nous reprendre notre bébé.

Je suis au bord du désespoir : j'ai compris que rien de ce que je peux faire ou dire ne va nous sortir de cette impasse. Dérogeant à tous mes principes, j'accepte alors ce que ma mère me propose avec de plus en plus d'insistance : solliciter l'aide d'une de ses relations, une autorité médicale parisienne. Jusqu'ici, j'ai préféré faire confiance à l'équipe locale. Et je n'aime pas l'idée d'utiliser un réseau professionnel ou social que tout le monde n'a pas : il me semble que devant de telles épreuves, nous devrions tous être logés à la même enseigne. Mais ces considérations ne sont plus à l'ordre du jour : il faut nous battre, ou nous sommes tous perdus. À la guerre comme à la guerre.

Cet ami prend contact avec la spécialiste parisienne des fragilités osseuses de l'enfant : quoi que puisse avoir Thomas, il semble de bon sens que nous la consultions. Mais Paul et moi, désormais accusés de maltraiter notre fils, n'avons plus aucun droit sur lui, pas même celui de solliciter nous-mêmes un autre avis médical, encore moins celui de l'emmener à Paris. C'est donc directement à ses collègues normands qu'elle demande le transfert de Thomas. À la perspective d'être désavoué par sa consœur pour avoir laissé traîner cette situation sans faire aucun examen permettant de diagnostiquer une ostéogenèse imparfaite, le professeur chef de service du CHU fait une volte-face spectaculaire. Deux jours après l'anniversaire de Thomas, à neuf heures du soir, il nous rejoint dans le couloir du service où notre petit garçon est toujours hospitalisé sous surveillance. Thomas est baigné, il a dîné, je fais les cent pas avec lui et Paul, retardant le moment pénible où je vais devoir le coucher et le quitter pour la nuit ; ma mère est avec nous, elle doit reprendre la route le soir même mais tarde à le faire. En voyant arriver le professeur, je me demande ce qui nous attend encore. Depuis des mois, son attitude à mon égard n'a été que méfiance et agressivité. Mais ce soir il semble plus embarrassé qu'hostile : il a réfléchi, nous dit-il, et il a changé d'avis. Dans quelques jours, Thomas va être vu à Paris par une de ses consœurs, mais d'ores et déjà son opinion à lui est faite : Thomas a une ostéogenèse imparfaite. C'est une maladie génétique. Il faudra que je consulte une généticienne à propos du bébé que j'attends. Dix minutes, debout dans le couloir où circulent d'autres parents, mon bébé dans les bras, telles sont les conditions de ce séisme. Nous ne sommes plus accusés, les soupçons de maltraitance sont levés et nous pouvons ramener notre fils chez nous, mais notre univers s'écroule à nouveau : Thomas est atteint de cette maladie horrible dont on m'a fait un tableau si effrayant ces derniers jours, le bébé que j'attends peut l'être aussi, mais apparemment cela ne justifie pas de nous recevoir dans la confidentialité d'un bureau fermé, ni même de nous faire asseoir. Honte à vous, Professeur, pour cette indécence, et pour ce qui a précédé.

Nous quittons l'hôpital le plus rapidement possible. La mort dans l'âme, ma mère reprend la route vers la région parisienne. Elle nous a sortis d'un cauchemar, et nous lui en serons toujours reconnaissants. Mais ce soir, elle a le sentiment que son intervention nous a conduits d'un enfer à un autre. Contre toute raison, elle se sent responsable de ce qui nous arrive.

Paul et moi roulons avec Thomas vers notre appartement. Notre petit garçon s'endort dans son couffin et le silence règne dans la voiture. La semaine a été tellement éprouvante que le sentiment qui domine chez moi est le soulagement : on m'a rendu mon enfant, on ne me soupçonne plus et il n'y a plus à craindre qu'on me le reprenne. Je suis inquiète de cette maladie qu'on vient de nous annoncer, mais au fond, cela fait des mois que je sais que Thomas est malade, donc ce n'est pas vraiment une surprise. J'ai peur pour le bébé que j'attends, dont pas un instant je n'avais réellement envisagé, jusqu'à ces derniers jours, qu'il pouvait être menacé. Je reste dans l'expectative des consultations à venir avec la spécialiste parisienne, avec la généticienne. Paul ne dit rien mais j'ai l'habitude : il n'est pas d'un tempérament expansif. Depuis des mois, il nous est difficile de partager nos tourments, il essaie de me rassurer en minimisant les miens, il se réfugie dans le travail et dans le sport pour se distraire des siens. Des années plus tard, il me dira : « Quand même, c'est incroyable qu'il nous ait laissés partir comme ça de l'hôpital, on aurait pu se suicider. » Étranges instants où l'un de nous, écrasé par des sentiments trop lourds, les tait à l'autre pour le ménager, tant il les sait destructeurs, ou simplement parce qu'ils sont impossibles à exprimer. Pourtant, nous sommes unis.

Je sais que la maltraitance existe et les ravages qu'elle fait sur les petites victimes me bouleversent. Le premier devoir des médecins est de protéger ces enfants et, à ce titre, je trouve normal qu'ils nous aient soupçonnés. Mais pourquoi n'ont-ils envisagé aucune autre hypothèse ? Pourquoi n'ont-ils pas reconnu leur erreur ni présenté la moindre excuse ? On prétend qu'il est moins dommageable d'incriminer à tort des parents que de passer à côté d'un cas de maltraitance. C'est faux : les dégâts provoqués par ces accusations infondées sont considérables. L'Association de l'ostéogenèse imparfaite ne compte plus les témoignages effarants : des couples se séparent, des enfants malades sont placés en foyer, parfois avec toute leur fratrie bien portante, pendant des mois. Des familles sont déchirées et durablement traumatisées. Même si nous avons été – relativement – épargnés, l'expérience m'a meurtrie. J'en conserverai une méfiance instinctive à l'égard du corps médical et une peur viscérale d'être séparée de Thomas.

Premier diagnostic

Nous sortons dévastés de cette étape de notre histoire. Pourtant, elle n'est qu'une première bataille : le vrai combat est à venir. La lutte contre la maladie et ses conséquences, c'est la nôtre autant que celle de Thomas, et elle va durer des années. Cette épreuve, personne ne peut nous l'éviter. Quel dommage que nous l'affrontions déjà épuisés par la violence de ce que nous avons vécu ces derniers mois !

Quelques jours après le premier anniversaire de Thomas, Paul et lui pénètrent pour la première fois dans l'enceinte de l'hôpital Necker à Paris. Pour ma part, j'y ai déjà fait une brève incursion il y a deux ans, pour y retrouver mon amie Élodie qui y faisait sa thèse de biologie. Je me souviens être descendue à la station de métro Falguière et être entrée à pied par l'arrière de l'hôpital. J'avais eu un pincement au cœur devant le panneau qui indique son nom complet : « Necker-Enfants malades ». « Enfant » et « malade », ça ne va pas ensemble. Presque un oxymore. Jamais on ne devrait accoler ce substantif et cet adjectif. J'avais retrouvé Élodie dans le bâtiment devant lequel nous nous garons aujourd'hui. Élodie est justement la marraine de Thomas. Et pas un instant je n'aurais imaginé revenir ici comme maman d'un de ces « enfants malades ».

Les vieux bâtiments en meulière ne sont pas désagréables. Le rez-de-chaussée où se déroulent les consultations est vaste et clair. Les infirmières pèsent et mesurent Thomas et après l'avoir examiné, la spécialiste qui nous reçoit, qui est aussi généticienne, nous confirme qu'elle le pense atteint d'une ostéogenèse imparfaite – la maladie des os de verre. Ce terme, nous explique-t-elle, recouvre en fait non pas une maladie, mais l'ensemble très disparate des fragilités osseuses congénitales de l'enfant. Thomas est manifestement fragile, il peut donc être considéré comme porteur d'une ostéogenèse imparfaite, même si la sienne semble très atypique, ce qui a pu égarer ses confrères normands. Elle essaie d'excuser leur erreur en nous donnant plusieurs éléments d'explication. Mais à ce moment précis, je souhaite seulement aller de l'avant et laisser derrière moi cet épisode. Bref, Thomas est fragile, mais il ne ressemble pas à la majorité des autres enfants qu'elle suit, elle ne peut donc pas vraiment faire de pronostic, mais elle lui trouve plutôt bonne mine et n'est pas très inquiète. Pour elle, il ne fait pas de doute qu'il pourra vivre normalement, marcher, aller à l'école ; tout au plus faudra-t-il être un peu vigilant. Et en même temps, elle nous met en garde : il ne faudra pas le protéger trop, au risque de freiner son développement. Les fractures entraînent des immobilisations qui elles-mêmes augmentent la fragilité de l'os. C'est un cercle vicieux dont il faut se tenir éloigné. Nous devrons inciter Thomas à bouger pour que ses os soient solides, tout en évitant au maximum qu'il se casse. L'histoire du patient, nous dit-elle encore, est déterminante dans son avenir, plus encore qu'un gène défectueux. Je prends ces éléments comme un défi bienvenu : il dépend de nous que Thomas grandisse bien malgré la maladie. Nous devenons acteurs de notre histoire, après des mois d'impuissance. En ce qui concerne le bébé que j'attends, elle n'a pas vraiment de réponse : nous n'avons pas de diagnostic précis pour Thomas, les ostéogenèses imparfaites sont un ensemble hétérogène de maladies, toutes héréditaires, mais aux modes de transmission divers, le risque est difficile à évaluer, mais statistiquement, là encore, elle n'est pas très inquiète. Elle nous propose simplement que les échographies traditionnelles que j'aurai à subir pendant ma grossesse soient réalisées par une de ses consœurs, habituée à ces questions de fragilité. Parfois, on détecte des fractures *in utero* : dans ce cas, le bébé est assurément fragile. À défaut, c'est dans les mois qui suivront la naissance qu'on pourra se faire une idée plus exacte.

Cette consultation, pour moi, est la première qui compte dans l'histoire de la maladie de Thomas. Nous sommes reçus longuement, une psychologue est présente, on répond avec délicatesse à toutes nos questions, même les plus naïves, on écoute notre souffrance, on prend en compte, aussi, l'épreuve que nous venons de traverser. Le médecin me donne le numéro de sa ligne directe et m'engage à l'utiliser aussi souvent que nécessaire, m'assurant ainsi d'un soutien au long cours. Sur cette base, nous pouvons commencer à construire quelque chose. Pour autant, Paul et moi quittons l'hôpital avec des sentiments très différents. Il retient que la maladie de Thomas n'est pas très grave et que les risques pour le bébé sont faibles. Je retiens qu'on nous a écoutés avec beaucoup d'humanité, qu'on va nous aider, mais qu'on ne sait pas grand-chose. Faut-il imputer cet écart d'interprétation à la différence de nos caractères, Paul étant plus optimiste, tandis que je suis d'un naturel plus anxieux ? Chacun entend-il ce qu'il souhaite, ou ce qu'il est capable de supporter à cet instant donné ? C'est sans doute une des grandes difficultés du discours médical, qui aborde sous un angle technique des sujets graves avec des êtres humains pétris d'émotions. Paul et moi avons fait des études scientifiques, nous nous considérons comme des personnes rationnelles. Pourtant, il m'est arrivé, en consultation, de poser une question qui me semblait essentielle et d'être incapable, en sortant, de me souvenir de la réponse qui m'avait été donnée. Il ne doit pas être simple, pour les médecins, d'adapter leur discours à des interlocuteurs si vulnérables.

En nous annonçant, ce jour-là, une forme mineure de la maladie et une vie normale pour Thomas, la spécialiste s'est-elle trompée, ou bien nous a-t-elle dissimulé volontairement une partie de la vérité ? Plus tard, devant l'évolution de la maladie qui l'apparente au contraire aux formes les plus sévères et rend Thomas presque entièrement dépendant, j'oserai lui poser la question. Elle m'affirmera s'être trompée en toute bonne foi. Je garde un doute. S'est-elle limitée à dire ce qu'elle nous jugeait capables d'entendre ce jour-là ? Une annonce plus dramatique nous aurait peut-être été insupportable. A-t-elle pensé qu'il était préférable que nous prenions progressivement, et par nous-mêmes, conscience de la gravité de la situation ? Si c'est le cas, c'est respectable, tout autant qu'une erreur est compréhensible et excusable. Mais l'inexactitude de cette annonce va contribuer à alimenter ma méfiance : après m'avoir accusée, les médecins ne me disent pas la vérité.

Une nouvelle route s'ouvre devant nous. J'ai toujours, comme toutes les mamans du monde, souhaité le meilleur à mon enfant. Je manque d'assurance et cela m'a souvent fait souffrir. Vouloir le bonheur de Thomas, c'est essayer de lui donner cette confiance en lui qui me fait défaut. Et la meilleure manière d'y parvenir, me semble-t-il, c'est de l'aimer si fort qu'il soit à chaque instant convaincu d'être aimable. C'est aussi de lui garantir ma présence solide et inconditionnelle à ses côtés, en toute circonstance. Je l'ai parfois laissé la nuit, quand il était hospitalisé, parce que je n'avais pas le droit de dormir avec lui. Mais le reste du temps, je ne l'ai pas quitté. Je l'ai entouré de mes soins et de mon amour, et je lui ai expliqué comme je pouvais ce qui se passait, en essayant de lui cacher mon inquiétude. Il a traversé ces derniers mois sans sembler en souffrir, jouant et riant sur les différents lits d'hôpital qu'il a occupés. C'est un beau bébé d'un an, aux yeux bleus, joufflu et souriant qui, dans la chaise haute, tape dans la soupe avec sa cuillère en éclatant de rire, que presque rien ne distingue d'un autre. Sa maladie ne se voit pas. Mais nous savons qu'elle existe. L'inquiétude diffuse et inexplicable que j'ai ressentie durant les premiers mois de sa vie a désormais pris corps. Alors, quelque chose est brisé. Notre bonheur de jeunes parents, l'image de la famille que nous rêvions de fonder, tous les espoirs que nous avions pour Thomas, à ce moment, me semblent définitivement ternis et abîmés. Pour plusieurs raisons, j'ai complètement tort. Mais il faudra que les années passent pour que je le comprenne.

Après cette consultation, nous rentrons chez nous. C'est difficile. J'ai peine à croire qu'il y a une dizaine de jours seulement, j'étais ici même en train d'organiser des préparatifs d'un anniversaire que nous n'avons pas fêté. Thomas a besoin de séances de kinésithérapie très régulières : elles sont indispensables pour lui apprendre à bouger en toute sécurité. Il faut donc trouver un kinésithérapeute compétent et disponible. Il faut mettre en place un suivi. Il faut organiser la prise en charge des fractures qui ne vont évidemment pas cesser. Tout cela en lien avec le CHU qui nous est toujours hostile. Car si le chef de service de l'hôpital nous a finalement disculpés, il ne l'a fait qu'en notre seule présence. Il n'était pas question de se dédire, au risque de mettre son autorité et sa compétence en cause, devant les autres médecins du service, *a fortiori* devant le personnel. Au CHU, personne ne sait vraiment pourquoi on m'a rendu Thomas, et tout le monde est resté fixé sur le diagnostic de maltraitance. On continue de m'y traiter en mère indigne.

Je trouve une kinésithérapeute, Béatrice, disposée à recevoir Thomas trois fois par semaine. Pour compléter le programme de rééducation de mon fils, je consulte aussi un psychomotricien qui m'a été recommandé par le CHU. Les séances sont facturées trois cents francs[1] et ne sont pas remboursées par la Sécurité sociale. Il estime qu'il serait nécessaire que je lui amène Thomas deux fois par semaine. Les sommes en question ne sont pas anodines pour le budget d'un jeune ménage, mais nous sommes prêts à tous les efforts pour que Thomas soit soigné le mieux possible. Le psychomotricien me demande d'asseoir Thomas par terre dans son cabinet. Je balaie la pièce du regard. J'y vois des coussins de toutes formes, de toutes tailles, de tous matériaux, de toutes couleurs. J'en choisis trois, assez volumineux, que je dispose en arc de cercle, avant d'installer Thomas devant ce

1. Environ quarante-cinq euros.

dossier improvisé. Il ne s'appuie pas sur eux, mais s'il perd l'équilibre, ce qui lui arrive souvent, les coussins arrêteront sa chute. Il est donc en sécurité. Le psychomotricien m'observe attentivement le temps que je procède à cet aménagement.

– Maintenant, je vais vous demander de sortir et de me laisser seul avec Thomas. Quand un enfant d'un an ne tient pas fermement assis, cela vient de difficultés dans sa relation avec sa mère.

J'avale ma salive. Si Thomas ne progresse pas aussi vite qu'un autre enfant, c'est parce qu'il est malade et fragile, comme je le lui ai expliqué dès le début de la consultation. Cela n'a rien de psychologique.

– L'homme est vertical. Celui qui ne tient pas debout n'est pas un homme, assène-t-il d'un ton pompeux.

Qu'est-ce que c'est que cet olibrius ? Les personnes tétraplégiques, les enfants myopathes ne font-ils pas partie à ses yeux du genre humain ? Considère-t-il ses patients comme des animaux ? Sans attendre davantage, je règle la séance, bien décidée à ne jamais lui ramener Thomas.

Même si je n'en connais pas les ressorts, je ressens bien le climat de méfiance qui règne entre les professionnels de santé et moi, alors que Thomas a tant besoin d'eux. De son côté, la généticienne parisienne comprend que son diagnostic, bien qu'elle l'ait communiqué à ses confrères normands, ne suffit pas à enrayer l'engrenage de soupçons qui s'est enclenché il y a plusieurs mois déjà. Pour y mettre un terme, elle nous propose d'envoyer Thomas passer quelques mois en Bretagne, à Roscoff, dans un centre de soins pour enfants handicapés, qui s'est spécialisé dans la prise en charge d'enfants atteints d'ostéogenèse imparfaite. Elle a toute confiance en les équipes qui y exercent, et Thomas pourra bénéficier là-bas de séances intensives de kinésithérapie, plusieurs fois par jour, parfois en piscine. Je l'accompagnerai, j'y serai logée avec lui, et on me donnera des conseils sur la façon de m'occuper d'un enfant fragile. Elle est sûre des bienfaits que nous pourrons tous retirer de ce séjour. Mais elle ne nous l'impose pas : la décision nous appartient. Avant de donner notre accord, Paul et moi allons visiter ce centre. Nous y sommes accueillis avec beaucoup de gentillesse et d'attention, on nous montre tout ce qui pourra être fait pour Thomas, la chambre qu'on nous réserve, nous rencontrons le médecin, les kinésithérapeutes, les infirmières. Tout cela est nouveau pour nous, mais nous sentons qu'ils ont, eux, l'habitude d'accompagner des parents éprouvés.

La gravité du handicap de certains enfants que nous croisons ce jour-là m'impressionne, mais ils semblent heureux et bien entourés. Nous acceptons donc l'idée. À vrai dire, nous sommes si fatigués de tout ce qui s'est passé ces derniers mois que notre volonté est comme anesthésiée : nous nous laissons guider.

Roscoff

Début décembre, je pars pour Roscoff en voiture avec Thomas, le coffre chargé de jouets et de tout le matériel indispensable pour un séjour de plusieurs mois avec un tout petit enfant. Ma belle-mère m'accompagne : la route est longue, il y a un bébé à occuper pendant le trajet, et je suis enceinte. J'ai besoin d'aide et sa présence est précieuse. J'aurais aimé avoir Paul à mes côtés, mais il travaille ce jour-là. Je lui en veux vaguement, même si je reconnais qu'il s'est souvent libéré à l'improviste ces derniers mois pour nous rejoindre à l'hôpital et qu'il ne peut sans doute pas perturber davantage ses activités. Le centre est construit sur une presqu'île magnifique, isolée et sauvage. De la chambre, nous avons vue sur la mer bretonne, bien agitée en cette saison. J'entends en permanence le bruit des vagues. Cela me rappelle une belle période de ma vie où j'ai vécu de longs mois en bord de mer. J'aime cela : ça va aller. Ma belle-mère passe une nuit dans la maison des familles puis repart. Dans trois semaines, pour Noël, Thomas aura une permission pour les fêtes. Il suffit de tenir jusque-là.

Tenir, parce que je découvre un monde qui m'est complètement étranger. Je vis avec les enfants handicapés brièvement croisés lorsque nous sommes venus avec Paul. Et c'est rude. Le jeune garçon qui occupe la chambre voisine de la nôtre passe ses nuits à pousser des cris gutturaux en se frappant la tête contre les barreaux de son lit. Au bout du couloir, la chambre d'une petite fille, qu'un accident a laissée terriblement et définitivement handicapée, est décorée de photos de famille, souvenirs d'avant l'accident, sur lesquelles on la voit enfourcher joyeusement son vélo. Certains enfants, malades, ne vont manifestement pas vivre très longtemps. D'autres sont ici pour subir des traitements très impressionnants, comme la traction par halo crânien. Pour moi, qui n'ai jamais de ma vie approché cet univers, y être ainsi confrontée est un choc dont la violence me déstabilise. Ma sensibilité est peut-être accrue par ma grossesse. Thomas fait-il partie de ce monde ? Je décide immédiatement que non. Lui, il n'a presque rien. Une petite maladie pas grave qui ne se voit pas. Il vient ici pour faire de la kinésithérapie, mais après on rentrera à la maison et il vivra normalement. Je me mets délibérément à pratiquer une forme de déni semblable à celle que je perçois si souvent chez Paul. J'essaie, du moins : c'est la seule attitude qui me rende la situation tolérable.

Mais même si Thomas n'y a pas sa place à mon avis, cet univers existe. Et c'est insupportable. Comment ces tout petits enfants innocents peuvent-ils subir des épreuves si terribles ? Qui les leur inflige, et pourquoi ? Certes, dans ce centre, on s'occupe d'eux avec un dévouement et une douceur admirables. Certes, quelques-uns sont entourés par leur famille. Leur souffrance n'en est pas moins réelle et scandaleuse.

Dans ma solitude d'adulte, j'ai le temps de réfléchir à ce que j'observe. Le centre n'est pas un hôpital et nous n'y sommes pas enfermés. Entre les séances de rééducation, je promène Thomas. Le plus souvent sous un ciel obscur et une pluie battante, nous visitons les petites villes des environs. Noël approche : les églises s'ornent de crèches, les rues se parent de sapins et de guirlandes. Tout le monde semble se réjouir. La joie et les rires ont-ils aussi leur place dans la vie de ces enfants ? Les éducatrices décorent leurs petits fauteuils roulants, les brancards, les mécanismes des tractions : voir cet affreux matériel orthopédique ainsi associé à la fête me donne envie de pleurer. S'il existe, s'il est tout-puissant, comment le bon Dieu peut-il tolérer de telles horreurs ? C'est incompréhensible et impardonnable. Je ressens un besoin impérieux de donner un sens à ce malheur infini qui s'expose chaque jour sous mes yeux, mais je n'en trouve aucun. Le monde est-il simplement absurde et mauvais ? Mon Dieu, pourquoi, à quoi nous abandonnes-tu ?

Ces premières semaines sont éprouvantes et les vacances de Noël guère reposantes. Nous rendons successivement visite à nos deux familles où nos difficultés ne sont pas toujours comprises. Il faudrait faire bonne figure, en cette période de festivités, montrer un visage en complet décalage avec mon état d'esprit, et je ne suis pas très douée pour cela. Je suis fatiguée, Paul, qui cumule son travail avec des allers-retours hebdomadaires le week-end pour venir nous voir à Roscoff, l'est aussi, nous nous disputons pour des broutilles. Après avoir fait face ensemble pendant des mois à l'hostilité des médecins, nous accusons une sorte de contrecoup.

Début janvier, je retrouve le centre, dont le parc a été dévasté par la grande tempête qui s'est abattue sur l'ouest de la France en cette fin d'année 1999.

J'ai surmonté tant bien que mal le malaise que j'ai éprouvé les premiers jours en compagnie de tous ces enfants. Je m'efforce de côtoyer avec naturel leurs petits corps abîmés. Thomas continue ses séances de rééducation et semble en tirer profit. À Roscoff, je rencontre pour la première fois le docteur F., le chirurgien parisien qui va le soigner pendant toute son enfance. C'est un spécialiste éminent de la maladie dont souffre Thomas, mais les parents d'une de ses petites patientes m'ont décrit un homme bourru qui ne ménage pas les familles. Dès leur première visite, il y a six ans, il leur a annoncé que leur fille ne marcherait jamais. Ils en ont gardé un souvenir brutal. Je redoute le rendez-vous, mais ce n'est pas cet aspect-là des choses qui m'inquiète le plus : ce ne serait pas le premier médecin abrupt que je rencontrerais. De mauvaises nouvelles sur l'état et les perspectives de Thomas ne me feraient pas plaisir, mais je suis prête à les entendre. Quoi qu'il me dise, ce sera toujours plus supportable que d'être accusée de battre mon bébé. Non, c'est autre chose qui m'ennuie : une fois de plus, Thomas va être ausculté et manipulé par un médecin, et cela provoque toujours pleurs et hurlements. Quand j'entre dans la pièce, je n'en mène pas large. Mais je suis bouleversée de la façon dont se déroule la consultation :

le docteur F., habitué aux enfants fragiles, douloureux et légitimement craintifs, examine Thomas avec une douceur et une délicatesse dont aucun de ses confrères qui l'ont précédé n'a jamais fait preuve. Thomas sourit, babille et ne pousse pas le moindre cri de souffrance ou d'appréhension. Les infirmières du centre, présentes pendant toute la durée du rendez-vous, se chargent de le rhabiller pour me permettre de discuter l'esprit tranquille avec le médecin. Il me rassure sur l'état de Thomas et me donne son numéro de téléphone portable : il me répondra toujours. C'est un appui de plus.

Les kinésithérapeutes qui s'occupent de Thomas sont eux aussi optimistes. J'évoque avec eux les accusations de maltraitance qui ont été portées contre nous avant le diagnostic parisien. Pour eux, qui sont habitués à cette pathologie, c'est une histoire tristement banale. Ils n'ont aucun doute sur mon innocence. Leur confiance me soulage d'un énorme poids.

C'est aussi à Roscoff qu'on me fait rencontrer une assistante sociale. Elle m'engage à remplir les dossiers pour déclarer aux autorités compétentes le handicap de Thomas. Je ne comprends pas : certes, Thomas est dépendant, mais il a quinze mois. Ses besoins sont ceux de son âge, ils ne diffèrent guère de ceux d'un bébé en bonne santé. Je ne vois pas là de « handicap ». Elle en convient mais suggère que plus Thomas va grandir, plus la différence avec les enfants du même âge va s'accentuer, et qu'il y aura alors bien lieu de parler de handicap. Je n'ai pas envie d'entendre cela, mais elle insiste : les démarches sont plus faciles à effectuer ici et maintenant, avec le soutien de toute l'équipe médicale, que quand je serai rentrée à la maison et plus isolée. Habilement, elle ramène le sujet à une question administrative. Comme souvent à cette époque, je me laisse guider : c'est bien confortable.

À la fin du mois de février, nous rentrons chez nous. Thomas reprend ses séances de kinésithérapie avec Béatrice. D'emblée, elle me raconte : au moment où je l'ai appelée, il y a quatre mois, pour lui demander de prendre Thomas en charge, elle a aussi été contactée par des médecins du CHU. Ils lui ont demandé de me surveiller et de déshabiller Thomas à chaque visite pour chercher sur son corps des traces de coups. Elle ne l'a pas fait, estimant que ce n'était pas son rôle. Depuis, ses collègues de Roscoff se sont mis en relation avec elle. Forts d'une expérience plus spécialisée que la sienne, ils l'ont assurée que Thomas avait bien une ostéogenèse imparfaite et qu'il était courant, dans cette pathologie, que des parents, comme nous, soient accusés à tort. Elle est, aujourd'hui, entièrement convaincue que je ne maltraite pas Thomas. Elle a bien l'intention de le soigner pendant de nombreux mois et souhaite que la situation soit éclaircie afin qu'il n'y ait aucune gêne dans nos relations. J'admire infiniment la franchise de sa démarche.

La gynécologue qui suit ma grossesse avait, elle aussi, été approchée par le CHU : je maltraitais mon aîné, j'allais certainement lui parler d'une fragilité osseuse et de mes craintes concernant le bébé que j'attendais, il ne fallait pas me croire ; qu'elle m'incite, si possible, à interrompre cette deuxième grossesse, pour éviter que je ne batte un deuxième enfant. Elle a choisi de se tenir à l'écart de cette histoire et de limiter nos échanges au suivi habituel. Dieu merci !

Quelque temps plus tard, j'ai la surprise de trouver dans mon courrier une carte d'invalidité au nom de Thomas, mentionnant un pourcentage d'invalidité très élevé, et un macaron de stationnement. À l'époque, on parle encore de cartes de « grand invalide civil » ou « grand invalide de guerre ». Quel rapport avec mon bébé ? Il faudra encore des semaines pour que j'en fasse usage, non sans éprouver un sentiment d'imposture : un jour, alors que je ramène

Thomas d'une séance de kinésithérapie, une voisine me voit me débattre avec le siège auto inadapté à sa fragilité, la poussette et mon gros ventre, tout en insérant de la monnaie dans un horodateur, et m'apprend que le macaron me dispense de payer le stationnement quand je transporte mon fils.

Les conditions dans lesquelles Thomas est soigné, à notre retour de Roscoff, sont donc bien plus saines qu'avant. Notre séjour a mis un terme à tous les soupçons qui perduraient dans notre entourage médical normand, m'a rassurée sur l'état et les perspectives de Thomas et, d'une certaine manière, reposée. Quand nous rentrons à la maison, mon ventre ne laisse plus le moindre doute sur mon état. Protéger ma grossesse faisait aussi implicitement partie, je crois, des objectifs poursuivis par la généticienne. Et je lui en suis infiniment reconnaissante, pas seulement parce que Pierre se trouvera être un garçon en pleine forme qui nous comblera de joie, mais parce que cette grossesse était en elle-même une raison de vivre. Porter une autre vie que la sienne est une responsabilité immense qui oblige à aller de l'avant et en donne la force.

Un petit frère

J'ai l'impression d'être aussi grosse qu'une baleine. Les médecins m'ont demandé de me reposer. Sur leur conseil, j'ai cessé d'emmener Thomas en voiture, chaque jour, à ses séances de kinésithérapie ; elles ont désormais lieu chez nous. J'essaie de ne le porter que lorsque c'est indispensable, pour le sortir de son lit, le changer, le baigner, l'installer dans sa chaise haute. Comme je ne laisse personne assurer tous ces soins, tellement je crains que d'autres que moi ne le manipulent mal et ne provoquent des fractures, je restreins mon activité physique à ces gestes, espérant qu'en me ménageant ainsi, j'arriverai à m'occuper de lui jusqu'à la fin de ma grossesse sans mettre en danger le bébé que j'attends. Pendant notre séjour à Roscoff, ma mère a fait chaque semaine un aller-retour en train entre Paris et Morlaix pour passer vingt-quatre heures avec nous et soutenir mon moral ébranlé. Depuis notre retour, c'est Brigitte, ma belle-mère, qui vient tous les mardis. Elle cuisine la veille et arrive chargée d'un bon déjeuner et de bugnes à l'intention de Paul, qui en raffole. Comme je n'ai plus le droit de marcher, elle emmène Thomas faire de longues promenades en poussette pendant que je reste allongée. Les échographies réalisées à Paris n'ont rien montré : pas d'assurance que son petit frère va bien, mais pas de certitude non plus qu'il est malade. Il faudra encore quelques mois pour être fixés. De toute façon, j'ai trouvé une parade à mes inquiétudes. J'ai vécu le début de cette grossesse dans des conditions si tumultueuses que j'ai pu craindre qu'elle ne s'interrompe d'elle-même. Si le bébé s'est accroché dans une telle tempête, c'est qu'il va bien, telle est la conviction que je me suis forgée. Je ne suis pas superstitieuse en temps normal, mais puisque rien n'est normal, je fais comme je peux. Autant j'ai été anxieuse en attendant Thomas, autant là, j'élude la question.

J'ai bien assez de soucis avec les douleurs de Thomas, qui sont fréquentes et m'affolent à chaque fois. Et puis, malgré tous les discours rassurants, je trouve que sur le plan moteur, il ne progresse pas. À dix-huit mois, il tient bien assis, rampe à plat ventre, mais ne marche pas à quatre pattes et ne change pas de position seul. Il se tient bien sur ses jambes, mais ne semble pas près de marcher.

Et cela n'évolue pas. Il a souvent des douleurs aux membres qui l'immobilisent quelques jours, et surtout, presque en permanence, des douleurs extrêmement vives dans le dos, qui compliquent tous les soins et me font redouter à chaque fois une fracture d'une vertèbre qui pourrait laisser des séquelles neurologiques. Je ne veux plus aller au CHU, je ne compte donc plus les allers-retours en urgence à Paris pour consulter le docteur F. que nous avons connu à Roscoff. Il conclut chaque visite d'un apaisant « Tout va bien » qui ne me réconforte guère. Il n'y a pas de fracture grave, certes, mais il n'y a pas non plus d'autre traitement que d'attendre que Thomas ait moins mal. Cette attente de la fin d'une période douloureuse, dont nous savons qu'une autre lui succédera, va rythmer les années à venir. Je vis dans l'angoisse, violente et intense quand je crains une fracture, plus sourde quand je constate la lenteur des progrès de Thomas. J'espérais qu'il marcherait avant la naissance de son petit frère, évidemment ce n'est plus envisageable. Maintenant, j'espère qu'il marchera avant que ledit petit frère fasse ses premiers pas, mais je n'y crois pas vraiment.

Je suis obsédée par cela, et c'est absurde : en dehors des moments où il a mal, Thomas est un enfant souriant, affectueux, et très vif. Et quand il souffre, il fait montre d'une volonté étonnante de se distraire de la douleur. Cette joie de vivre et cette détermination ne le quitteront jamais. Certes, elles ne lui permettront pas de marcher, elles n'empêcheront pas l'évolution inexorable de sa maladie, mais elles lui ouvriront d'autres horizons, bien plus exaltants. Mais cela, la jeune maman que je suis, immergée dans le monde médicalisé dans lequel nous baignons depuis des mois, entourée de rééducateurs pour qui « la marche » semble tenir lieu de Graal, ne le perçoit pas. J'essaie simplement de ne pas trop laisser transparaître mes inquiétudes quand je m'occupe de Thomas et de l'entourer de tout l'amour dont je suis capable.

La naissance de Pierre est un moment à part dans cette période. Toute naissance est un événement, bien sûr. Mais dans notre cas, c'est un magnifique cadeau que la vie nous fait, et elle en a été bien avare depuis un an. De plus, maintenant que nous savons que nous risquons de transmettre une maladie, nous nous doutons que nous n'oserons probablement pas avoir d'autre enfant. À vingt-six ans, j'ai la joie de mettre au monde ce splendide bébé, et la douleur intime de savoir que c'est le dernier. Pierre va être choyé et dorloté en conséquence. Heureusement, c'est l'enfant de la situation, et il n'en abusera pas, bien au contraire : facile et aimable, toujours joyeux, gentil et plein d'humour, très tôt, il va se donner pour mission de faire rire la famille. J'ai l'impression qu'il s'élève tout seul, tant tout est simple avec lui, et sa bonne bouille et son sourire réjoui me remontent instantanément le moral. Pierre, c'est notre cadeau du bon Dieu. Si l'on y repense, à quelques semaines près, il n'aurait pas été conçu. Cette deuxième grossesse était arrivée un peu par hasard, sans que nous la planifiions ; un mois plus tard, nous apprenions les risques. Alors oui, dans les ténèbres de cette époque de notre vie, Pierre est un rayon de soleil.

Versailles

La suite de notre histoire se déroule à Versailles. Quelques jours après la naissance de Pierre, nous déménageons. L'administration pour laquelle Paul travaille, attentive à la situation, lui a proposé un poste en région parisienne plus tôt que prévu, et nous profitons de l'occasion pour nous rapprocher de nos familles et des médecins qui suivent désormais Thomas.

Les premiers mois de Pierre nous rassurent vite sur sa santé : il gigote tant qu'il peut et ne donne pas le moindre signe de souffrance. Même si j'incite à la prudence tous ceux qui sont amenés à s'en occuper, je n'ai aucune inquiétude à son sujet. Pour Thomas, c'est autre chose. Son état n'évolue pas, je n'observe aucun progrès moteur et il continue de se casser très souvent. Les fractures sont parfois sévères et terriblement douloureuses. Les plâtres, attelles et hospitalisations pour traction se succèdent, à tel point que je ne me réveille jamais le matin sans me demander si la journée se finira à la maison ou à l'hôpital. Je conserve toujours à portée de main le numéro de téléphone portable du docteur F., son chirurgien désormais attitré. Quelle que soit l'heure, quel que soit le jour de la semaine, il répond et me guide dans les premiers soins à donner à Thomas, nous reçoit, tente de me rassurer. Il connaît bien la peur dans laquelle vivent en permanence les parents des enfants fragiles et nous assure un soutien indéfectible et précieux. Je vis néanmoins dans la crainte de ces fractures et n'ose confier Thomas à personne. Et puis, la naissance de Pierre et le déménagement ont perturbé ce tout petit garçon ; pendant des mois, il va passer des nuits entières à pleurer. Son appétit est lui aussi affecté, et le bébé plutôt rond qu'il était se transforme en un enfant bien maigre.

L'incertitude entretenue par les médecins sur les perspectives de Thomas s'ajoute à nos tourments. L'espoir que nous avions de le voir marcher s'amenuise, mais pas au même rythme pour Paul et pour moi : il reste très optimiste, je doute chaque jour davantage. Jamais personne ne nous a dit que Thomas ne marcherait pas. Le discours de la généticienne sur l'importance de l'histoire qui prime sur les gènes est constamment présent dans notre esprit. Nous continuons les séances de kinésithérapie, tous les jours je maintiens Thomas en posture debout pendant de longs moments, afin de l'entraîner, j'essaie de l'encourager dans son évolution. Je me sens responsable : si c'est l'histoire qui compte, et si Thomas ne progresse pas, c'est que je m'y prends mal. Les médecins s'interrogent à haute voix : « Pourquoi ne marche-t-il pas ? » et j'interprète parfois cela comme un reproche. Thomas commence à porter un corset : son dos se déforme, il faut le maintenir et le protéger. Il subit plusieurs grosses interventions chirurgicales consistant à poser clous et broches dans ses jambes et dans ses bras, pour servir de tuteurs à ses os et empêcher que les fractures ultérieures, inévitables, ne les déforment encore davantage. Ce sont exactement les opérations impressionnantes que m'avait décrites, pour m'effrayer et me faire avouer d'imaginaires méfaits, la pédiatre normande. Mais Thomas s'est tellement cassé, ses membres sont tellement abîmés, que nous les savons indispensables. Le docteur F. nous les présente avec sa délicatesse coutumière, nous les acceptons sans joie mais sans hésitation et, dans la confiance mutuelle qui règne, elles se déroulent sans difficulté particulière.

Pour autant, il n'y a pas l'ombre d'un pas en perspective. Peu après son troisième anniversaire, lasse d'entendre les passants traiter Thomas de paresseux quand je le promène en poussette alors que Pierre gambade à nos côtés, je me résous à envisager l'achat d'un fauteuil roulant. Chose étrange : aucun médecin ni soignant ne nous l'a suggéré – tous nous ont assuré il y a deux ans que Thomas n'en aurait jamais besoin, et ils ne sont jamais revenus sur le sujet. Fallait-il que l'idée vienne de moi ? Paul me la reproche : ma démarche, selon lui, étiquette Thomas comme « handicapé », mot qui ne fait pas encore partie de notre vocabulaire. Je l'assume : j'aime la vérité et je préfère que l'image de Thomas soit celle de l'enfant handicapé qu'il est, plutôt que celle d'un fainéant. Et puis, je commence à m'interroger sur la possibilité de scolariser Thomas, et pour ce projet, le fauteuil roulant paraît plus adapté que la poussette. J'opte pour un modèle très léger et facilement maniable par Thomas, qui en choisit la couleur et s'enthousiasme pour la nouvelle autonomie qu'il lui procure. Équiper un enfant d'un fauteuil roulant reste néanmoins une étape douloureuse pour une famille, et porter seule cette décision me semble bien lourd.

Pas comme tout le monde

6 septembre. C'est jour de rentrée scolaire et Thomas, qui aura bientôt trois ans, aurait dû franchir aujourd'hui pour la première fois les portes d'une école maternelle. Au lieu de cela, il est au bloc opératoire pour subir une très grosse intervention chirurgicale. En patientant dans sa chambre d'hôpital, Paul et moi regardons avec un pincement au cœur les reportages que le journal télévisé consacre à cette journée si particulière dans la vie des familles. Pour nous, la période est si chargée sur le plan médical que la scolarisation de Thomas n'est qu'une perspective assez floue et reléguée à l'arrière-plan de nos préoccupations. Devant l'écran de télévision, je mesure, comme cela m'arrive souvent, le fossé que la maladie a creusé entre notre vie et celle, simplement normale, dont nous avions rêvé. Comme toujours, cela m'est pénible.

L'opération, qui consistait à installer dans un des fémurs très déformés de Thomas un clou télescopique, s'est bien passée. Thomas sort du bloc en position allongée, plâtré des aisselles jusqu'au pied : il faut que sa cuisse et les articulations adjacentes de la hanche et du genou soient parfaitement immobilisées le temps que l'os, qui a dû être brisé en plusieurs endroits pour qu'on le réaligne et qu'on puisse y insérer le clou, se consolide. Il est bien soulagé par les médicaments et ne souffre pas. Il est un peu nerveux, mais on le serait à moins. Le docteur F. apporte les radios dans la chambre et les commente : il est content du résultat. Thomas s'agite dans son lit. Du doigt, il indique les clichés. Avant l'opération, je lui ai expliqué assez sommairement ce qui était prévu : on allait l'endormir pour qu'il n'ait pas mal, pendant son sommeil le docteur F. interviendrait sur sa cuisse pour la rendre plus solide, et il se réveillerait avec un plâtre pelvi-pédieux, du même modèle que celui qu'on lui pose à chaque fracture de fémur. Il ne m'a pas paru nécessaire de donner davantage de détails à ce très jeune enfant, d'autant que les détails en question me font frémir moi-même. Lui montrer les radios ? On y voit distinctement l'os cassé en trois morceaux remis bout à bout, et la tige qui, au cœur même de l'os, maintient l'ensemble sur toute la longueur. Les larmes me montent aux yeux quand je les regarde. Je n'ai pas la moindre idée de la façon dont Thomas conçoit l'intérieur de son corps et ces images me semblent bien trop explicites. Thomas insiste et le docteur F. m'encourage. Avec des mots simples, il lui décrit son os tel qu'il était avant l'opération, ce qu'il lui a fait et les bénéfices qu'il en espère. Thomas sourit, se rassérène et nous comprenons que ces explications suffisent. Il avait besoin de savoir.

Thomas reste encore un jour ou deux sous surveillance à l'hôpital. La douleur s'estompe très vite et dès le lendemain de l'opération, je peux le reprendre dans mes bras. Un enfant de cet âge s'ennuie vite. Pour l'occuper, je le promène dans le couloir. D'un seul coup, il crie :

– HI !

– Que se passe-t-il ? Tu as mal ?

– ESSE !

Thomas ne parle pas encore parfaitement, mais il prononce habituellement de vrais mots. Que signifient ces onomatopées ?

– ESSE ! HUE !

Il agite les bras. Il semble me montrer quelque chose. Je me tourne vers ce qu'il désigne et j'éclate de rire. Un panneau vert indique : « Issue de secours ». Thomas est en train d'en épeler les lettres.

Très fière d'avoir découvert que mon petit garçon qui n'a pas encore trois ans connaît déjà l'alphabet, je raconte l'anecdote au docteur F., qui s'en amuse avec moi. Il commente ainsi l'exploit de Thomas : « Votre fils n'est pas comme tout le monde ! » Obsédée par mes propres inquiétudes, je n'entends que le médecin : l'état médical de Thomas le préoccupe et ses progrès moteurs ne se font pas comme il l'aurait souhaité. Mais aujourd'hui, ce n'est pas de son patient qu'il parle, mais bien du petit garçon tout à fait hors du commun dont il pressent déjà l'intelligence exceptionnelle. Cette phrase prémonitoire, il me la rappellera à plusieurs reprises.

Dans les mois qui suivent, le docteur F. opère le second fémur de Thomas et nous l'équipons de son premier fauteuil roulant. Dans le même temps, sans vraiment que je m'en rende compte, le déclic qui permet aux enfants de passer du déchiffrage à la lecture se produit. À trois ans et demi, Thomas lit couramment. Je ne le lui ai pas appris, il s'est débrouillé seul, peut-être avec les livres d'enfants qu'il a en permanence à sa disposition, peut-être aussi avec les jeux d'ordinateur adaptés à son âge qu'il affectionne tant. Il dévore de petits livres entiers dont il me raconte ensuite le contenu. Et il a soif d'apprendre, lui qui ne peut guère bouger. Il est curieux de tout : la musique qu'il aime déjà beaucoup, la géographie, la mythologie, l'histoire… La lecture alimente ses connaissances et entretient sa curiosité intellectuelle. Sa mémoire extraordinaire lui permet de tout retenir.

Il va conserver ces qualités. Des années plus tard, en famille, quand nous nous posons une question quelconque de culture générale, nous ne consultons ni le dictionnaire, ni l'encyclopédie, ni Internet. Nous demandons à Thomas : il sait tout. C'est un plaisir que de répondre avec lui à tous les questionnaires ludiques dont regorge le marché des jeux de société. Il y a quelques jours, son grand-père s'amusait à compléter avec lui, de tête, les citations d'auteurs très divers – et parfois très obscurs – proposées dans un jeu de cartes : Thomas les connaissait toutes et finissait instantanément les phrases que lui lisait mon père, carte après carte. J'ai cru qu'ils n'en étaient pas à leur première tentative, mais si : mon père venait de déballer le jeu et ils le découvraient ensemble. Thomas connaît toutes les dates, tous les lieux, tous les auteurs, toutes les musiques, tous les films, et nous bat systématiquement tous à plate couture au *Trivial Pursuit.* Je devrais y être habituée, pourtant j'éprouve toujours la même stupéfaction devant l'étendue apparemment infinie de son érudition, dont j'ignore le plus souvent où et comment il l'a acquise.

Première rentrée scolaire

À trois ans et demi, Thomas lit donc couramment et s'intéresse à tout. Cette découverte de la lecture et de la richesse du monde qu'elle lui ouvre l'épanouit. Elle compense son manque d'activité physique et le distrait de ses fractures. Il est joyeux, souriant et intelligent. J'aimerais qu'il aille à l'école : cela rapprocherait son mode de vie de celui des enfants de son âge. C'est un des éléments de cette « normalité » que je souhaite pour lui et il en semble d'ailleurs très désireux. Pour moi, il ne fait pas l'ombre d'un doute que Thomas y a sa place : tout enseignant devrait rêver d'un tel élève !

Au regard de ses aptitudes, quand j'envisage une possible scolarisation de Thomas, son fauteuil roulant me semble relever du détail. La vraie difficulté réside dans sa fragilité : comment imaginer ce petit garçon, qui se casse des os simplement en éternuant, au milieu de l'agitation d'une cour de récréation d'école maternelle ? C'est inconcevable sans un accompagnement permanent par un adulte : un ou une auxiliaire de vie scolaire[1] (AVS). Mais cela reste une question pratique : si l'on parvient à trouver une personne qui, à l'école, se consacre à aider matériellement Thomas et à le protéger, la suite devrait être une formalité. Bien sûr, je me doute que les choses ne seront probablement pas aussi simples. Mais pas un instant, à ce moment, je ne me figure l'océan de paperasses stupides, de réunions stériles et de mauvaises volontés diverses dans lequel je m'apprête à plonger. Je mesure bien mal les travers de la nature humaine et l'absurdité de l'administration.

La loi[2] qui, dans quelques années, définira les modalités de la scolarisation des élèves handicapés n'est pas encore en vigueur. Aucune règle n'est clairement établie, aucune procédure balisée pour guider les parents dans leurs démarches. J'ai

1. À l'époque, il s'agit de personnes recrutées sous le statut d'« emplois-jeunes » (contrats aidés destinés aux jeunes de moins de vingt-six ans sans emploi) par des associations sous convention avec l'Éducation nationale. Le dispositif des emplois-jeunes a été instauré en 1997 et sera supprimé à la fin de l'année 2002.

2. Loi du 11 février 2005 pour l'égalité des droits et des chances, la participation et la citoyenneté des personnes handicapées.

l'impression d'entrer dans la jungle. Après quelques coups de téléphone et des recherches sur l'Internet encore relativement sommaire de l'époque, c'est un peu au hasard que je prends rendez-vous avec le médecin scolaire. Je m'y rends sans Thomas, car le centre médico-scolaire n'est pas accessible en fauteuil, dans le même état d'esprit que si je passais un entretien d'embauche. J'ai préparé mes arguments et apporté toutes sortes de documents médicaux, de courriers de médecins, de dessins de Thomas. Je perçois immédiatement ce qui va, avant tout, poser problème : Thomas est fragile, et si pour ma part je m'inquiète de la façon de limiter le nombre de fractures qu'il se fera inévitablement à l'école, l'administration de l'Éducation nationale se préoccupe surtout des responsabilités qu'elle pourrait avoir à supporter quand elles se produiront. Nous avons la même crainte, pas le même point de vue. Et pour l'école, le plus sûr moyen de s'exonérer de toute responsabilité est de refuser Thomas. Mais le médecin qui me reçoit est une femme intelligente : je défends vigoureusement ma position, j'insiste sur les bénéfices que Thomas pourra tirer de sa scolarisation, j'admets mesurer les risques, qui justifient la nécessité absolue de l'auxiliaire de vie scolaire, j'assure dégager l'école de toute responsabilité en cas de fracture, et elle reconnaît que notre projet est solide. Elle donne son feu vert au dossier, c'est une première victoire. L'étape suivante consiste à trouver une école pour Thomas. Oui, c'est à nous de la chercher. Les ennuis commencent.

Tout naturellement, je sollicite en premier lieu l'école de notre secteur. Je prends rendez-vous avec la directrice. Malheureusement, Thomas, quelques jours avant la date prévue, se casse un fémur. Il se retrouve équipé d'un plâtre pelvi-pédieux, qui le maintient en position allongée et l'immobilise des aisselles au pied inclus. Nous avons l'habitude, mais c'est assez impressionnant pour qui n'en a jamais vu, ce qui est probablement le cas de la directrice. Je préfère me présenter seule au rendez-vous.

– Vous êtes venue sans votre enfant ? Quel dommage !

– Il s'est cassé un fémur, il est plâtré, c'était compliqué de l'amener. Mais j'ai pensé que nous pourrions tout de même parler ensemble de sa situation.

– Pauvre chou ! Comment s'est-il fait ça ?

– Il a une maladie des os, il est très fragile.

– Bon, mais est-ce qu'il est propre ?

– Oui, enfin, pas exactement, il faut lui mettre des couches…

– Ah bon, alors il ne peut pas entrer à l'école. Revenez me voir dans un an.

Elle ne m'a pas laissée parler du fauteuil roulant, du handicap, de l'AVS, mais vient de me signifier la fin de l'entrevue. Sans doute a-t-elle l'habitude d'expédier ses rendez-vous en moins de cinq minutes chacun, une fois cochées les cases de son questionnaire. Les choses sont mal engagées, mais Thomas mérite plus que ces cinq minutes. Je reste assise et je lui explique rapidement mais précisément la situation : la maladie, le fauteuil, le projet de scolarisation avec l'accompagnement d'une AVS. Elle m'écoute attentivement, puis se lève en me disant : « Ça ne va pas être possible, venez voir. »

Elle m'emmène dans une salle de classe, et la difficulté me saute aux yeux : je suis rentrée de plain-pied dans l'école, mais chaque classe est aménagée en deux parties de niveaux différents, séparées par trois marches. Ces marches, m'explique-t-elle, ont un rôle pédagogique. Les enseignantes y font asseoir les enfants en groupe, pour chanter ou entendre des histoires. Évidemment, amener un enfant en fauteuil roulant dans une telle classe serait une folie. Je sens que la directrice, sous ses airs confus, est soulagée : elle ne va pas être obligée d'accueillir Thomas, ces malheureuses marches lui rendent un fier service.

Pour poursuivre mes recherches d'une école pour Thomas, j'ai besoin qu'elle remplisse l'imprimé que je lui tends, qui explique pourquoi l'école du secteur ne peut pas l'accepter. Elle le parcourt des yeux et réfléchit à voix haute : « Voyons, que pourrais-je écrire… Je ne veux pas vous pénaliser… *Enfant non scolarisable*, ça irait ? » Je bondis et je l'arrête à temps. Nous convenons de la phrase « L'architecture de l'école ne permet pas l'accueil d'un enfant en fauteuil roulant », j'empoche le document, et je m'empresse de quitter l'école avant qu'elle ne se ravise.

Un médecin versaillais, à qui je fais part de mes démarches, me conseille une autre école, qu'elle sait entièrement accessible en fauteuil, et même équipée d'un ascenseur. C'est de l'autre côté de la ville, mais tant pis. Je rencontre la directrice, je lui expose la situation, elle est un peu inquiète, mais elle est partante, et les enseignantes aussi. Nous convenons de nous revoir en juin, avant les vacances d'été, pour faire le point sur les détails pratiques. D'ici là, l'administration va chercher une AVS. Las, début juin, la directrice me téléphone : l'école va accueillir une petite fille trisomique du quartier, et il serait trop lourd pour un enseignant d'avoir deux élèves handicapés dans la même classe. Je proteste : elle s'était engagée auprès de moi, je comprends que ces enfants handicapés représentent une charge, mais ne peut-on pas mettre Thomas dans une autre classe ? Ou même dans un autre niveau ? Non, les enseignantes n'y sont pas favorables. Elle est désolée mais c'est sans appel.

Je suis consternée. J'ai l'impression qu'ils ont préféré une autre enfant – dont au demeurant je ne conteste absolument pas la place – simplement parce qu'elle leur occasionnait moins de responsabilités que Thomas, et qu'elle leur a servi d'alibi pour me faire faux bond à la dernière minute.

Moi qui rêvais d'une rentrée scolaire en septembre pour Thomas, juste avant ses quatre ans, me voilà bredouille. Je me fais l'effet d'un voyageur de commerce frappant aux portes pour vendre une camelote dont personne ne veut. Et je ne suis peut-être pas très loin de la vérité : personne ne veut de Thomas. Pour ces gens, mon fils si merveilleux est un boulet à traîner, une charge que je pourrais avoir le bon goût de garder pour moi.

Comme si je voulais le mettre à l'école pour m'en débarrasser ! Quelle curieuse image ont les enseignants de leur vocation, si noble, s'ils s'imaginent qu'on leur confie nos enfants uniquement pour qu'ils nous les gardent quelques heures !

Paul me fait remarquer que l'école qui nous tient lieu de bureau de vote est équipée de plans inclinés pour passer d'un étage à l'autre. Sans doute serait-elle adaptée à Thomas. Je prends rendez-vous avec la directrice : je commence à avoir l'habitude. Elle me confirme que toute l'école est accessible, et qu'elle accepte de prendre Thomas. Toutefois, l'AVS n'est toujours pas recrutée et les vacances d'été approchent. Pour septembre, c'est trop juste, mais nous nous reverrons à l'automne pour organiser la rentrée de Thomas dans le courant du premier trimestre. Objectivement, elle a raison. Mais je suis déçue : cela fait six mois, au bas mot, que j'ai commencé mes démarches. Cela ne suffira donc pas pour que Thomas fasse sa rentrée le même jour que ses camarades. La prochaine fois qu'il faudra trouver une école, je m'y prendrai un an avant. Deux, même, tant qu'à faire.

Septembre arrive. On m'informe qu'une auxiliaire de vie, déjà employée auprès d'un autre enfant, est disponible deux après-midi par semaine.

C'est tout ce que l'administration peut me proposer pour le moment. C'est peu, et ce n'est pas optimal : à l'école maternelle, les après-midi ne sont pas les moments les plus intéressants de la journée, puisque les enfants se reposent et jouent plus qu'ils ne travaillent. Ce sont surtout les matinées que les enseignants consacrent aux activités scolaires, aux heures où les enfants sont le plus réceptifs. Ce qu'on m'offre n'est donc pas idéal, mais c'est un début.

Il reste une formalité administrative à accomplir : pour que Thomas puisse aller à l'école, son dossier doit passer devant une commission qui décidera de cette « orientation ». Pour un enfant valide, il suffit d'aller donner son nom, sa date de naissance et ses certificats de vaccination à la mairie… mais passons. Cette commission se réunit fin septembre et nous, parents, avons le droit d'y être entendus si nous le souhaitons. Nous sommes convoqués à quatorze heures. Paul m'accompagne. Depuis des mois que j'essaie de faire accepter Thomas à l'école, mon discours est bien rodé. Je ne suis pas inquiète : je vais les convaincre, si c'est nécessaire.

À l'heure dite, nous nous retrouvons dans une petite pièce attenante à la salle où se tient la fameuse commission. Nous ne sommes pas autorisés à assister à l'ensemble des débats qui concerneront Thomas : nous entrerons quand on nous y invitera, on nous donnera la parole, puis nous ressortirons, la décision sera prise en notre absence et nous sera notifiée ultérieurement par courrier. Je bous intérieurement : tout de même, il n'est pas question de remettre en liberté un grand criminel, mais d'accepter à l'école maternelle un enfant de quatre ans… N'est-ce pas un droit ? Notre avis n'est-il que consultatif ? La réunion commence. Les murs sont en papier mâché, nous entendons tout. Nous sommes les seuls parents à attendre, mais la commission traite d'autres dossiers que celui de Thomas. Les situations de nombreux enfants sont évoquées. Je n'écoute pas, cela ne me regarde pas. Le temps passe. Puis j'entends son nom. Puisque je n'ai pas le droit d'entrer, je tends l'oreille. Après tout, c'est mon fils !

– Alors, Thomas Mordant. Il va avoir quatre ans, les parents veulent qu'il entre à l'école Untel, avec une AVS. Il a une… ostéogenèse imparfaite. Docteur, vous pouvez nous expliquer de quoi il s'agit ?

La réunion est présidée par un médecin que je ne connais pas. Je l'entends prendre la parole :

– Eh bien, comment vous dire... Il s'agit d'une maladie dont la conséquence est que la genèse de l'os est... imparfaite.

Magnifique. Pourquoi ne nous laisse-t-on pas entrer ? Au vu de la qualité des échanges, il me semble que notre contribution pourrait être utile.

– Mais encore ?

– Eh bien, il est fragile ; peut-être que ses os se cassent.

– Bon, alors il n'est pas scolarisable ?

– Effectivement, ça paraît difficile à envisager...

L'étude du cas de Thomas semble terminée. Je ne bous plus, j'explose. Paul essaie de me contenir. S'il n'était pas là, je crois que j'entrerais sans même frapper pour leur dire ma façon de penser. Heureusement, il me rappelle que le but de notre présence, c'est de faire en sorte que Thomas puisse aller à l'école, pas de provoquer un esclandre. Une personne annonce que les parents sont dans les locaux, qu'ils souhaitent présenter leur point de vue. On nous fait entrer. Je mets un visage sur les voix que je viens d'entendre. Il y a au moins vingt personnes dans la pièce : le médecin, la directrice de l'école, des enseignants, des personnels de l'administration de l'Éducation nationale, des représentants d'associations de personnes handicapées.

Avec tant de monde, on aurait pu espérer un peu plus de compétence. Comme je sais que je n'ai que cette occasion de défendre Thomas, j'utilise le plus fermement possible le temps de parole qui m'est octroyé, en faisant mine de n'avoir rien entendu de ce qui a précédé, et en essayant de contrôler mes nerfs. Je m'appuie sur le fait qu'une AVS peut être attribuée à Thomas pour deux après-midi par semaine.

– Je suis bien consciente que deux après-midi, c'est bien peu pour parler d'*intégration* scolaire…

– Peu ? Mais Madame, deux après-midi pour un enfant comme le vôtre, c'est déjà énorme !

« Un enfant comme le mien » ? « Déjà énorme » ? En deux après-midi, ils n'apporteront pas grand-chose à Thomas. Apparemment, ils ne conçoivent son accueil à l'école que comme une forme de garderie gratuite dont ils nous font l'aumône. Mais de toute façon, deux après-midi, c'est tout ce qu'on peut me proposer, je ne suis pas venue négocier ce temps. Je modifie donc mon angle d'approche :

– Oui, bien sûr, c'est formidable qu'on puisse nous proposer cela. Thomas est fou de joie à l'idée d'aller à l'école, de tout ce qu'il va y apprendre, de rencontrer ses futurs camarades ; nous vous sommes très reconnaissants. Tout est bien organisé, l'auxiliaire de vie pourra assurer sa sécurité, mais sa maladie fait que des fractures peuvent toujours arriver, et bien évidemment ce ne sera la faute de personne.

Je brode, je fais semblant de considérer leur accord comme acquis, je feins une gratitude que je n'éprouve guère et je n'oublie pas de les dédouaner par avance de ce qui leur fait peur. Étonnamment, cela fonctionne. Thomas pourra entrer à l'école en octobre, à la veille de ses quatre ans. Avant même cette réunion, j'ai pu rencontrer Florence, l'AVS pressentie, et elle m'a fait la meilleure impression. Thomas a déjà visité sa future classe et l'institutrice, Murielle, chaleureuse et accueillante, l'a présenté aux autres élèves. La commission aurait pu faire échouer un projet pourtant bien engagé : je me réjouis donc qu'elle ait donné son accord, mais cela me laisse perplexe sur le fonctionnement de nos institutions. D'une certaine manière, je viens de vivre mon baptême du feu. Je vais passer les douze prochaines années à batailler pour obtenir ce que nous estimons être ce qui convient à Thomas. Ma force, ce sera ma certitude absolue que Thomas a sa place dans ce système scolaire. Heureusement que je l'ai, car comme je viens de le découvrir, elle n'est pas toujours partagée par mes interlocuteurs.

Une fracture

Un hurlement déchire le silence de la nuit. Puissant, long, modulé. Inhumain. Et quand Thomas n'a plus assez de souffle, le son décroît et s'éteint dans un gémissement.

En ce mois de juillet, nous sommes en vacances dans une maison du Perche que mes parents louent chaque été depuis des années. Thomas a quatre ans et demi et son sommeil est toujours perturbé : il faut se lever plusieurs fois par nuit pour le consoler de ses cauchemars ou tenter de le soulager s'il souffre. Pour que Paul et moi puissions nous reposer, mes parents ont proposé qu'il dorme dans leur chambre. Ils y ont installé un lit d'enfant en chêne comme on en trouvait autrefois à la campagne. Les rebords sont en bois plein : Thomas est parfaitement protégé, il ne peut pas tomber, ni se coincer un bras ou une jambe entre les barreaux puisque ce lit en est dépourvu. Nous avons calé des traversins sur tout le pourtour du matelas pour qu'il ne puisse pas non plus se cogner. Manifestement, toutes ces précautions n'ont pas suffi. Le cri qui a réveillé toute la maisonnée ne laisse guère de doute sur ce qui vient de se produire : une fracture. Encore une. Oh non…

Paul et moi nous précipitons dans la chambre de mes parents. Debout en pyjama près du lit de Thomas, les bras ballants, mon père semble désemparé : « Je ne dormais pas quand c'est arrivé. J'entendais la respiration de Thomas dans son sommeil, il était tranquille, il ne bougeait pas. Je ne comprends pas, il ne s'est rien passé. J'ai entendu un *crac*, et il a hurlé. »

Pauvre Papa. À chaque fois c'est la même chose : on essaie de comprendre ce qui a pu provoquer ça, on se demande si, et comment, on aurait pu l'éviter. Le plus souvent, il n'y a aucune explication. Bien sûr, tous les gestes de Thomas, et tous les nôtres, sont risqués, mais ils ne sont pas seuls en cause. Un éclat de rire, un éternuement, un sursaut involontaire, un cahot infime en voiture, un mouvement imperceptible suffisent à provoquer une fracture. Un rien, en somme. Le docteur F. le sait bien : jamais il ne pose la moindre question quand je lui amène Thomas avec un bras ou une jambe cassés.

L'urgence, c'est de calmer Thomas qui continue de pleurer. Pour cela, j'ai besoin d'identifier l'os qui s'est brisé. Je pose ma main sur lui. Je ne sais pas à quoi ça sert, mais il crie si fort que c'est, je crois, le meilleur moyen de lui faire sentir ma présence. Et j'ai besoin de le toucher. Comme je ne sais pas où il a mal, je la pose bien à plat sur son ventre, sans le bouger, pour ne pas risquer d'aggraver les choses.

– Thomas, Thomas, je suis là. Calme-toi. Respire. C'est où ?

– La cuisse ! La cuisse ! Ahhh !

C'est le fémur droit. Sans la déplacer, j'entoure sa cuisse de mes deux mains, dans le sens de la longueur, toujours bien à plat. La douleur le fait trembler et les frissons font bouger le foyer de la fracture, décuplant l'intensité de ses souffrances. Je serre un peu – très peu – pour essayer d'immobiliser sa cuisse, déjà bien calée sur les coussins du lit.

– Combien de gouttes ?

– Trois !

Paul me relaie pour tenir sa cuisse et lui parler doucement, pendant que je sors de la trousse de médicaments le flacon de morphine qui ne quitte jamais Thomas et que je compte les gouttes. Je jette un œil au réveil. Il est quatre heures du matin. Cela me donne une idée approximative de l'heure d'une possible prochaine prise. Trois gouttes maintenant, il pourra en reprendre autant à huit heures si c'est nécessaire.

– On fait quoi ? Tu veux une attelle ?

– Non ! Non ! Je veux dormir, laissez-moi !

Il crie à nouveau. Il a tellement mal qu'il est terrorisé à l'idée qu'on manipule sa jambe.

– D'accord, d'accord. Calme-toi. La morphine va agir, tu auras moins mal dans quelques minutes. Ça va aller. Calme-toi.

Pour l'instant, il n'y a rien d'autre à faire que lui caresser les joues pour essuyer ses larmes. Au bout d'un moment, sous l'effet de la morphine – peut-être ai-je, dans les limites de la prescription, ajouté une ou deux gouttes à ce qu'il demandait – il commence à se rendormir.

Mes parents, Paul et moi nous concertons à voix basse. Dormir est ce qui peut lui arriver de mieux pour le moment, sauf s'il s'agite et remue dans son sommeil, ce qui réveillera la douleur. En même temps, il est parfois si épuisé par le choc même d'une fracture qu'il peut sombrer dans un sommeil très profond après la première prise de morphine. Nous convenons de tous nous recoucher. Mes parents sont à deux mètres de lui et viendront nous chercher si ça ne va pas. Pour la suite, on avisera demain – dans deux heures, donc.

Thomas dort quelques heures. Quand il se réveille, l'effet de la morphine s'est dissipé et il a à nouveau terriblement mal. Je lui en donne une seconde dose. Avec des précautions infinies, nous sortons son matelas du lit, avec Thomas dessus, bien calé par ses coussins, le posons sur le sol et le faisons glisser jusque dans le salon. Cela va lui permettre d'être avec nous toute la journée. Je voudrais ne pas avoir à le toucher du tout : il crie dès que j'approche tant il a peur. Mais il faut bien assurer un minimum de soins. Je suis un peu affolée : en général, la première prise de morphine suffit. Et avec une attelle, nous arrivons à faire face à ce genre de situation. Aujourd'hui il réclame de la morphine toutes les quatre heures et refuse catégoriquement que je lui pose une attelle. On est au-delà de mes compétences de maman.

Si nous étions à Versailles, j'appellerais le docteur F. ou le kinésithérapeute. Mais nous sommes à deux heures de Paris et en pleine campagne : par téléphone, ils ne vont pas pouvoir m'aider beaucoup. Je compose donc le 15. On me passe un médecin d'urgence et j'explique la situation : Thomas a une ostéogenèse imparfaite, il s'est cassé un fémur cette nuit, il a extrêmement mal malgré des prises régulières de morphine. Il est si fragile que les plâtres sont, en principe, déconseillés : ils sont trop lourds, trop rigides, et provoquent des fractures supplémentaires. D'habitude je lui confectionne une attelle en carton : le docteur F. m'a appris à les fabriquer et à les poser et nous avons tout le matériel nécessaire. Mais là, il a trop mal et refuse catégoriquement que je le touche. Que dois-je faire ?

– Oh là là, une ostéogenèse imparfaite. Vous avez certainement plus l'habitude que nous, il vaut mieux que vous fassiez l'attelle vous-même, nous, on ne saura pas. Redonnez-lui de la morphine, essayez de faire l'attelle et rappelez-nous ensuite, on enverra une ambulance pour l'emmener à l'hôpital.

Alors ça, c'est inédit. Ça change de toutes les fois où des soignants m'ont répondu « Ne vous inquiétez pas, on a l'habitude ! » juste avant de faire une mauvaise manipulation et de casser un membre de Thomas. Mais l'originalité de cette réponse est une bien maigre consolation. Ils me laissent purement et simplement tomber.

La journée s'écoule et les douleurs ne se calment pas. Pierre passe une grande partie de l'après-midi à jouer gentiment auprès de son grand frère. Ce n'est malheureusement pas la première fois qu'il est témoin de tels moments. À Versailles, les deux garçons partagent la même chambre. Pierre vient me chercher si Thomas demande à se lever et que je n'ai pas entendu son appel. Mais quand son frère hurle de douleur, Pierre ouvre un œil et se rendort aussitôt. Il ne peut pas ignorer que Paul et moi prenons la situation en main. Sans doute sait-il que ce n'est pas à lui de s'en occuper. Dans la journée, il s'émeut toujours de voir son frère souffrir et j'essaie, à chaque épisode, de le rassurer. Aujourd'hui, il ne s'éloigne guère. Par moments, il pose sa tête sur le matelas à côté de celle de Thomas pour que son grand frère lui lise des histoires. Alors que j'arrêterais le mouvement de toute autre personne, je lui fais une entière confiance : il n'a jamais été à l'origine d'une seule fracture. J'ai parfois eu des frayeurs, comme le jour où Pierre, à l'âge d'un an, a enjambé pour la première fois les barrières de son petit lit : il avait basculé dans celui, tout proche, de Thomas. J'avais retrouvé mes deux bébés blottis l'un contre l'autre, jouant avec leurs animaux en peluche, tout sourires et babillages, complices tout fiers de s'être retrouvés. Je les avais félicités – et dans l'heure, j'avais réaménagé la chambre pour éloigner les deux lits. Mais je ne veux pas les empêcher de jouer ensemble et à la longue, j'ai constaté que Pierre, qui est plein de vie et d'énergie, et capable d'être remuant, modère instinctivement ses gestes dès qu'il s'approche de son frère. Il a toujours vécu avec son aîné. Sans doute cette prudence, et la maturité qui l'accompagne, sont-elles inscrites en lui depuis sa naissance.

Dans la soirée, quand nous évoquons l'idée de déplacer à nouveau le matelas et son occupant vers le lit, les cris reprennent. Il a trop mal, il a trop peur. La nuit ne va pas être calme. Nous décidons de laisser Thomas dans le salon, sur son matelas : il n'y est pas plus mal que dans la chambre. Paul et moi allons nous relayer pour le veiller. Avec un peu de chance, nous pourrons somnoler sur le canapé.

Je prends le premier quart. Thomas parvient à s'endormir mais gémit souvent. À intervalles réguliers, plusieurs fois par heure, un très léger mouvement dans son sommeil relance la douleur et le fait hurler. Je vais lui parler, le caresser. Je lui redonne de la morphine à chaque fois que le laps de temps écoulé depuis la dernière prise est suffisant. Vers trois heures du matin, je vais réveiller Paul. C'est son tour. Peut-être devrais-je me sentir coupable de m'enfoncer dans mon lit pour dormir quelques heures alors que Thomas souffre tant. Mais ça n'est pas la première fois que nous passons une nuit de ce genre, et je sais que demain sera une dure journée. Il faut que je récupère pour l'affronter. C'est indispensable.

Au réveil, j'ai les idées plus claires. La situation ne peut pas s'éterniser : je vais faire cette attelle et rappeler le 15.

Mes parents sont déjà avec Paul dans le salon. La deuxième moitié de la nuit n'a pas été meilleure que la première et Thomas est toujours en aussi piteux état.

– Écoute, mon chéri. J'ai réfléchi, on ne peut pas rester comme ça. Il faut que tu voies des médecins et qu'on fasse une radio pour te soigner mieux. Je vais te faire une attelle et ensuite on ira à l'hôpital. Je sais que tu as très mal et que tu as peur, je te promets de faire le plus doucement possible. En attendant, je vais te donner une bonne dose de morphine. On va la laisser agir et dans un quart d'heure ou une demi-heure, on fait l'attelle.

Thomas proteste vaguement mais il a dû sentir, à mon ton définitif, qu'il n'aurait pas gain de cause. Aussi souvent que possible, je lui demande son avis sur tous les gestes et sur tous les soins. Mais il n'a pas encore cinq ans et n'a pas à assumer une décision dans une telle situation de crise.

Je lui fais avaler cinq gouttes de morphine. Je prends une grande respiration, je m'assieds avec mes parents et Paul pour boire un café. J'ai l'estomac noué mais il me faut des forces. Je n'ai pas laissé le choix à Thomas, je ne l'ai pas non plus, mais j'ai aussi peur que lui. L'ambiance est lugubre. Paul et mon père décident d'emmener Pierre jouer dehors. Ce n'est pas la peine qu'il assiste à la pose de l'attelle. Je crois qu'ils n'y tiennent guère non plus et je les comprends. Je m'en passerais volontiers aussi si c'était possible. J'ouvre le sac de sport qui nous accompagne partout et qui contient tout le matériel nécessaire. Je découpe un grand carton de déménagement, bien rigide, je l'habille de coton. Je sors plusieurs bandes Velpeau. Je prépare des morceaux de sparadrap élastique. Il faut que tout soit prêt et à portée de main au moment où je poserai l'attelle. Je n'ai aucune aptitude naturelle au bricolage, mais j'ai été à bonne école : entre les leçons du docteur F. et les nombreuses fois où j'ai dû les mettre en application, je maîtrise parfaitement la technique. Le plus difficile est à venir.

Ces préparatifs ont laissé à la morphine le temps de faire son effet. Je soulève très doucement Thomas, pour que ma mère glisse sous lui le carton et son rembourrage de coton. Chaque mouvement, même de quelques millimètres, lui fait mal. Lui aussi, il a l'habitude, il connaît précisément la manière de procéder et participe de son mieux, mais il peine à contrôler sa douleur. Une fois le support en place, nous replions le carton, que j'ai déjà fendu à cet effet, de chaque côté du tronc, de la cuisse et de la jambe de Thomas. Ensuite, nous emballons le tout avec des bandes Velpeau. Les premières sont les plus difficiles à passer car Thomas n'est pas encore bien maintenu. Quand je commence à pouvoir les enrouler sans qu'il grimace, je sais que j'arrive au bout. Reste à les fixer bien fermement avec du sparadrap. C'est fait. Pendant toute la durée de l'opération, même si la souffrance évidente de Thomas m'a bouleversée, je n'ai pas versé une larme. Je me suis concentrée sur mes gestes. Dans ces moments, je me dissocie de moi-même : la personne qui agit auprès de Thomas, heureusement, garde son sang-froid. La maman s'efface.

Par la fenêtre, j'appelle Paul pour lui dire que c'est terminé. Je rappelle le 15 : ils envoient une ambulance qui nous emmène tous les trois à l'hôpital de Nogent-le-Rotrou. Sur le trajet, je laisse un message sur le répondeur du docteur F. : il me semble que la fracture est grave et que nous aurons sans doute besoin de ses conseils. Le médecin de garde vient très vite à notre rencontre : le service des urgences est calme et ne ressemble guère à ses homologues parisiens, bondés et agités. Je lui explique la situation et lui précise que les matériaux qui constituent l'attelle permettent qu'elle passe à la radio sans gêner la lecture des clichés : il faut la laisser à Thomas pour le moment. Heureusement, il m'écoute, à la différence de certains internes qui ont parfois ruiné en un instant, d'un coup de ciseau autoritaire, le résultat de tant d'efforts. Il conduit lui-même le brancard vers le service de radiologie. Nous l'entendons marmonner : « Pourvu qu'il ne soit pas cassé… » « Il va être déçu », murmure Paul.

Les radiologues sont tout émus de la présence de ce petit garçon atteint de cette vilaine maladie, d'autant que Thomas, depuis que l'attelle le soulage et le rassure, a retrouvé son sourire. Son courage me subjugue, comme à chaque fracture : passé le pire moment, il fait montre d'une force d'âme étonnante pour s'en distraire. Il obtient, en plus des classiques clichés de face et de profil de sa cuisse, que soit aussi réalisée une radio de son nounours. Le nounours n'a rien, ouf ! Par contre, Thomas, lui, a bel et bien une fracture. Contrairement à ce que l'intensité de ses douleurs me faisait craindre, elle n'est ni complète ni déplacée, ce qui aurait obligé à une opération ou à une mise en traction. Mais elle est située très haut, à la limite de la hanche, ce qui explique, selon le médecin, qu'elle soit si douloureuse. Mon téléphone portable sonne. C'est le docteur F. qui me rappelle.

Je lui passe son confrère et il le guide : surtout, qu'il ne retire pas l'attelle que j'ai posée. Si elle ne suffit pas, il faut qu'il la renforce avec d'autres bandes Velpeau et plusieurs tours de sparadrap. Rassuré sur la conduite à tenir, le médecin suit ces conseils et nous rappelons une ambulance pour qu'elle nous ramène à la maison.

En cet été caniculaire, Thomas gardera son attelle jusqu'à la fin du mois d'août. Nous passons la suite des vacances avec mes beaux-parents en Haute-Marne. Le thermomètre atteint des records et Thomas, dans son rembourrage de coton, souffre terriblement de la chaleur. Chaque matin, nous l'installons sur une couette dans le jardin, afin qu'il puisse participer à la vie de la famille et jouer, à sa manière, avec les autres enfants.

Paul a dit un jour à un médecin : « Le handicap de Thomas ne se voit pas. » Certes, il y avait un brin de provocation dans son allusion aux handicaps invisibles et néanmoins réels qu'induisent, par exemple, certains troubles sensoriels ou psychiques, ou certaines maladies. Le fauteuil de Thomas, son corset, son immobilité et sa dépendance sautent aux yeux. Pourtant, je partage l'avis de Paul. Jamais Thomas ne se plaint des contraintes que ses incapacités occasionnent. Son vrai handicap, celui qui le fait pleurer et contre lequel il se révolte parfois, c'est la douleur. Elle ne se voit pas – et beaucoup l'ignorent ou la sous-estiment, tant le courage de Thomas confine souvent à l'héroïsme.

Maltraitance

Un an après son entrée à l'école maternelle, obtenue de haute lutte, tout va bien : Thomas est en grande section, aime ses activités et est tout heureux de sa nouvelle vie sociale, qu'il me raconte avec animation quand je vais le chercher à « l'heure des mamans ». Son auxiliaire de vie, Florence, est attentive et dévouée. Nos relations sont excellentes et son emploi du temps s'est dégagé cette année : elle peut désormais accompagner Thomas à l'école matin et après-midi, toute la semaine. L'institutrice, nouvelle dans l'école, se montre plus distante que Murielle qui, elle, a quitté l'établissement, mais ce n'est sans doute qu'une question de tempérament et je ne m'en inquiète pas.

En mars, une décision administrative vient perturber le calme de cette période. Les « emplois-jeunes » ont été supprimés. Le dispositif de recrutement des AVS est repris par l'Éducation nationale et le statut des auxiliaires de vie modifié.

En particulier, on leur demande désormais d'être titulaires du baccalauréat. Or, Florence n'a pas ce diplôme : elle ne peut conserver son poste. Elle en est évidemment affectée, Thomas et moi aussi, mais nous n'avons aucune prise sur la situation et, du jour au lendemain, elle est remplacée par Amélie[1]. Cette très jolie brune aux yeux bleus a mis au monde son premier enfant il y a quelques mois et sa grossesse lui a laissé quelques kilos de trop. Loin d'être disgracieuses, ses rondeurs dégagent une atmosphère de chaleur et de générosité. C'est la première fois qu'elle occupe cette fonction d'auxiliaire de vie. Elle est vive et agréable et nos premiers contacts me font une bonne impression.

Pourtant, assez rapidement, l'ambiance se détériore. Thomas rentre grognon de l'école et ne me parle plus guère de ce qui s'y passe. De plus en plus souvent, Amélie ou la maîtresse se plaignent de lui. On lui reproche sa distraction : il n'écoute pas, regarde par la fenêtre, et ne sait pas quoi répondre quand on lui pose une question. La critique qui revient de manière récurrente, toutefois, est d'une autre nature : il est mal élevé, ne dit pas suffisamment « s'il te plaît » et « merci ». Il a l'âge où les parents bataillent pour obtenir ces formules

1. J'ai modifié le prénom.

de politesse. Il ne me paraît pas particulièrement récalcitrant, mais puisqu'on attire mon attention sur ce point, je redouble de vigilance et d'exigence à son égard. Pourtant les remarques continuent. Et d'autres s'ajoutent : il serait paresseux. Un matin, l'institutrice l'accueille ainsi devant moi : « Alors, feignant, quand est-ce que tu vas te décider à bouger tes fesses de ton fauteuil ? » Je demande aussitôt une entrevue à la maîtresse et elle me reçoit le jour même, à l'heure du déjeuner. D'emblée, elle me pose cette question que je reçois comme une gifle : « Savez-vous qu'à cinq ans, un enfant est censé savoir marcher ? » Je lui rappelle la maladie de Thomas, la fragilité de ses os, et le fait que son handicap n'a rien à voir avec de la paresse. La réponse claque : « Une fracture, ça n'a jamais empêché personne de marcher ! » Une, sans doute pas, mais quarante fractures spontanées, ce qui est à peu près le compte de l'époque ? Elle reste imperméable : elle pense que je ne « stimule » pas suffisamment Thomas. Au fond, ça m'est égal : elle n'a aucune compétence médicale et son opinion sur l'état de santé de mon fils m'indiffère. Mais qu'elle puisse le traiter publiquement de « feignant » parce qu'il ne marche pas, c'est odieux ! Je la quitte sans l'avoir convaincue de la réalité du handicap de Thomas, mais en espérant qu'elle n'aura plus de remarque aussi déplacée.

Malgré cette conversation, les choses ne s'arrangent pas. Thomas est de plus en plus sombre en rentrant de l'école. Au début du mois de juin, par hasard, en essayant de lui faire raconter sa journée, je découvre qu'il n'est pas allé en récréation. Pire, cela fait apparemment plusieurs semaines qu'il n'y va plus, il reste seul en classe. Il me donne deux raisons, l'une immédiate : « Je n'ai pas dit *s'il te plaît* », et la deuxième plus générale : « De toute façon, les handicapés n'ont pas besoin d'aller en récréation. » J'accuse le choc. Celui de la seconde explication, d'abord. Thomas est encore petit, et ce terme « handicapé », nous ne l'employons jamais devant lui. Cette phrase, il n'a pas pu l'inventer. Il la répète. Qui l'a prononcée à l'école ? La première raison me fait monter la moutarde au nez. Cette obsession des formules de politesse commence à m'horripiler. Bien sûr, j'élève Thomas de mon mieux. Il doit dire « s'il te plaît » et « merci » comme tous les enfants. Comme eux, et pas plus. Je me fais expliquer par Thomas ce que le « s'il te plaît » vient faire dans cette histoire de récréation. A-t-il été puni pour une insolence en classe ? Mais non, pas du tout. Thomas était en rang avec les autres élèves pour partir dans la cour. Ces jours-ci, ses deux bras sont cassés et maintenus en écharpe, et il ne peut pas faire rouler lui-même son fauteuil. Quand le rang a commencé à avancer, Amélie n'a pas bougé, Thomas non plus évidemment. Voyant ses camarades partir sans lui, il a demandé à Amélie de l'emmener : il a omis le « s'il te plaît », elle a mis cette condition pour pousser le fauteuil, il a décidé de ne pas céder. Il n'est donc pas allé en récréation, et n'a pas participé non plus à la répétition du spectacle de fin d'année. Il est resté seul en classe avec Amélie pendant plus d'une heure. Je commence à comprendre ce qui se passe : en fait, il doit dire « s'il te plaît » et « merci » à chaque fois qu'Amélie l'aide. Tout le temps, donc. Et il en a assez, cela lui rappelle à chaque instant sa dépendance, il vit cela comme une brimade. Peut-être a-t-il tort. Je vais passer les prochaines années à lui inculquer des règles de vie adaptées à sa situation : il doit être encore plus poli qu'un autre, même si cela lui pèse, et même si l'aide qu'on lui apporte est naturelle et ne devrait pas faire l'objet d'une reconnaissance excessive. Mais il a cinq ans : refuser de dire une fois de plus « s'il te plaît », c'est le seul moyen qu'il a trouvé pour exprimer ses sentiments. Amélie aurait pu le comprendre.

Entre la maîtresse qui considère que le handicap de Thomas relève de la paresse et l'AVS dont les méthodes éducatives me semblent manquer de sensibilité, mon petit garçon n'est pas très bien entouré. L'humeur maussade qu'il affiche ces derniers temps s'explique. Je fais part de mon malaise à la directrice de l'école. Elle comprend mon inquiétude et m'assure qu'elle va rester vigilante jusqu'aux vacances qui approchent. En septembre, Thomas entrera en cours préparatoire dans une autre école, vraisemblablement avec une nouvelle auxiliaire de vie, dans de meilleures conditions. Le sujet semble clos.

Trois jours plus tard, il fait si chaud que les médias rappellent sans cesse qu'il faut faire boire les enfants et les personnes fragiles. Thomas a subi il y a deux semaines une intervention chirurgicale, l'opération s'est mal passée, il a fait une hémorragie. Il a perdu beaucoup de sang, il est très affaibli. Il porte un corset qui lui rend la chaleur encore plus insupportable. Pour couronner le tout, il s'est fait quatre fractures pendant le dernier mois et souffre beaucoup. Quand je le dépose ce matin-là à l'école, je redouble de recommandations auprès d'Amélie : il a un brumisateur dans son sac à dos, une bouteille d'eau, il faut vraiment veiller à le protéger le plus possible de la chaleur et à l'hydrater beaucoup. À onze heures et demie, quand je reviens le chercher, je tombe des nues.

Thomas est dans la cour de récréation, en plein soleil… intégralement recouvert de son poncho en plastique imperméable. Il dégouline de transpiration. Avant même de demander une explication, je me précipite pour lui retirer cette cape. Amélie me retient : il faut la lui laisser. Mais pourquoi ? La réponse est simple : il a bien demandé qu'on la lui ôte, mais il n'a pas dit « s'il te plaît ». D'ailleurs, c'est pour cette raison qu'elle la lui a mise : c'est une mesure éducative, elle le lui a expliqué, personne ne la lui retirera tant qu'il n'aura pas dit « s'il te plaît ». Thomas n'a pas cédé, il l'a donc gardée toute la matinée. Mais, me rassure-t-elle, elle a vu qu'il avait chaud, et elle lui a bien donné à boire.

Je suis folle de rage. J'arrache la cape, sous les critiques acerbes d'Amélie qui me reproche de saborder l'éducation qu'elle se sent obligée de donner à Thomas, puisque je ne suis pas moi-même assez exigeante. La maîtresse intervient : je n'ai pas à discuter avec l'AVS. Les quelques parents qui assistent à la scène semblent stupéfaits. J'essaie de voir la directrice, mais elle est absente pour la journée. En pleurant de colère et de chagrin pour l'humiliation que l'on vient de faire subir à Thomas, je le ramène à la maison. Je le pèse, comme je le fais tous les jours depuis l'opération :

il a perdu plus d'un kilo dans la matinée, sur les treize qu'il pèse habituellement. Il pleure et crie qu'il ne voudra jamais retourner à l'école. Je fais venir notre médecin, qui constate son état et le certifie par écrit. J'hésite à aller porter plainte. Dans cette école, on a maltraité publiquement un enfant handicapé de cinq ans et ni la maîtresse, ni l'auxiliaire de vie ne semblent en avoir la moindre conscience.

J'appelle Paul à son bureau. Comme souvent, il me laisse tempêter et pleurer, m'écoute, et me calme. Oui, ce qui s'est passé est scandaleux. Non, l'éducation, bonne ou mauvaise, que je donne à Thomas n'a rien à voir là-dedans. Oui, il faut faire quelque chose. Nous allons écrire aujourd'hui même à la directrice de l'école. Nous allons détailler de manière précise et factuelle ce qui s'est passé et lui dire notre désaccord profond avec les méthodes pratiquées dans son établissement. Et nous allons envoyer officiellement la copie de notre lettre à l'Inspection et au Rectorat. Une fois n'est pas coutume, nous faisons usage de la position professionnelle de Paul, qui lui permet d'entrer en contact avec le cabinet du ministre de l'Éducation nationale, pour nous assurer que notre courrier parvienne en mains propres, et le jour même, au Recteur de notre académie.

Le résultat est fulgurant. Dès le lendemain, une inspectrice laisse un message sur mon répondeur : elle est désolée de ce qui s'est passé et espère que Thomas s'en remet. Elle souhaite organiser au plus vite une réunion avec les différentes protagonistes de cette histoire. J'y mets une condition : je veux que Paul puisse être présent. Je suis tellement indignée que je vais me mettre en colère, il faut qu'il soit là pour dire les choses calmement.

Quelques jours plus tard, la réunion se tient dans la classe de Thomas. Assis sur les chaises d'enfants, autour de tables d'écoliers, me voici donc accompagnée de Paul et de notre médecin. La directrice est présente, mais pour une fois, elle ne préside pas. C'est l'inspectrice qui le fait. La maîtresse et Amélie sont là, l'air grave et la tête haute. Elles sont si sûres de leur bon droit qu'elles pensent assister à mon procès, ou à celui de Thomas. Toujours furieuse, je voudrais dès le premier instant leur jeter tous mes griefs à la figure. L'inspectrice m'interrompt : chacun pourra s'exprimer, mais elle souhaite que la maîtresse et l'auxiliaire de vie interviennent les premières pour donner leur version des faits. Chacune s'exécute. L'institutrice, en spécialiste de l'enfance, explique les difficultés que lui pose Thomas : il n'écoute pas en classe, ne s'intéresse pas aux activités qu'elle propose, il n'est pas assez stimulé par sa famille et, surtout, il est mal élevé. L'auxiliaire de vie se pose ensuite en spécialiste du handicap : elle a l'habitude, les enfants handicapés sont capricieux et tyranniques, les parents trop faibles, son rôle est de « dresser » Thomas. Son dévouement ne peut être mis en cause : la fonction qu'elle occupe suffit, selon elle, à démontrer sa générosité envers « les handicapés », et sur son temps libre, elle est aussi bénévole auprès d'associations caritatives. Ni elle ni la maîtresse ne nient rien. Au contraire, elles revendiquent leurs méthodes, et tout particulièrement la scène du poncho. Je commence à me demander si je suis la seule, dans cette pièce, à la trouver choquante. L'inspectrice ne commente rien, elle a manifestement choisi de faire un tour de table avant de rendre son verdict. Arrive mon tour : tout se déverse, sans grand calme, je l'avoue. L'histoire du poncho, bien sûr, que je remets dans son contexte de la particulière fragilité physique de Thomas ces jours-ci, après sa récente opération. Mais aussi toutes les remarques perfides sur sa soi-disant paresse qui l'empêche de marcher, cette obsession des formules de politesse qui vire à l'humiliation permanente, la stigmatisation dont il fait l'objet en étant tenu à l'écart de ses camarades, la blague douteuse qui consistait à le déguiser en acrobate pour la fête de l'école, et même sa distraction que je mets sur le compte de l'ennui. Thomas sait déjà lire depuis un an et demi et réalise en un instant toutes les activités de la classe liées à l'apprentissage de la lecture : j'ai découvert que la maîtresse, fatiguée qu'il réponde systématiquement le premier, fait en sorte qu'il ne puisse pas voir le tableau. Et on lui reproche de regarder par la fenêtre... En réponse à mes reproches, j'ai droit à des regards affligés, à des conseils psychologiques de bazar, aux formules rebattues de « deuil pas fait » et de « déni ». La réalité, c'est qu'un enfant comme Thomas, selon elles, n'a pas sa place dans une classe « normale ». Qu'il sache lire n'y change rien : « même les singes peuvent apprendre à lire », me réplique-t-on. Notre médecin insiste sur le danger qu'il y avait à laisser Thomas en plein soleil, un jour de canicule, couvert d'un poncho, alors qu'il se remettait difficilement de son opération. La directrice se défausse : elle n'était pas là le jour de l'incident, elle n'avait pas mesuré à quel point la situation s'était dégradée. L'inspectrice tranche, avec un calme et une fermeté mémorables : l'école doit accueillir tous les enfants, elle n'a pas à se substituer à la médecine, les avis de la maîtresse sur la paresse de Thomas et ses aptitudes à marcher sont inacceptables. Les méthodes

« éducatives » qu'Amélie et elle ont employées sont excessivement maladroites, et effectivement humiliantes pour Thomas. Elle veut les croire bien intentionnées, pour éviter que l'affaire aille plus loin. Elle essaie de conclure de manière apaisante, en se félicitant de l'entrée prochaine de Thomas en cours préparatoire dans une autre école, où elle ne doute pas que tout se passera bien. La maîtresse et Amélie quittent la pièce en claquant la porte. La directrice se contente de regretter qu'à quelques jours de la fin de l'année scolaire, je l'informe de ma décision de ne pas ramener Thomas à l'école, anticipant ainsi pour lui la date des vacances.

Pierre fréquente la même école, en petite section. Nous l'avons tenu à l'écart du conflit. En ce mois de juin, il fête ses quatre ans, et je le dépose à l'école chargé d'un gâteau et de bougies, comme c'est l'usage. À la sortie, on me rend le gâteau intact : les institutrices n'ont pas célébré l'anniversaire de Pierre, « par solidarité avec leur collègue » à qui je fais beaucoup d'ennuis, « après tout ce que l'école a fait pour moi ». Leur corporatisme va jusqu'à fermer les yeux sur les brimades qui ont été infligées à Thomas, dont elles ont été témoins, et à peiner un enfant de quatre ans en le privant d'anniversaire. J'annonce que Pierre ne reviendra pas non plus jusqu'aux vacances, on me répond que je cède à tous les caprices de mes enfants. L'année prochaine, il changera lui aussi d'école.

Pendant les vacances d'été, je m'interroge. Comment ces adultes, responsables d'enfants, ont-elles pu se livrer à ces comportements ignobles ? Que pouvons-nous faire pour éviter que ce genre d'événement se reproduise ?

Je prends conscience que la maîtresse, nouvelle dans l'école, avait découvert la présence de Thomas dans sa classe le jour de la rentrée. Manifestement, sa maladie et son handicap l'indisposaient. Cette gêne est fréquente et je ne reproche à personne d'avoir un mouvement de recul, de préférer éviter l'image de sa fragilité – et de la nôtre – que Thomas présente. Autant que possible, à l'avenir, je m'efforcerai de m'assurer que les enseignants qui s'apprêtent à accueillir Thomas sont prévenus et y consentent. Si cela les inquiète, qu'ils le disent : le dialogue lève beaucoup d'obstacles. Cette jeune institutrice n'a pas osé exprimer ses réticences. Si elle l'avait fait, Thomas aurait pu être affecté dans une autre classe. Elle a préféré contester la place de Thomas à l'école : « Ce n'est pas notre métier, nous n'avons pas été formés pour cela. » Le métier d'un enseignant est pourtant bien d'instruire les enfants qui lui sont confiés, sans qu'il les choisisse. Et l'argument du manque de formation ne tient guère : personne ne peut être sérieusement formé à des situations si diverses et particulières. L'intelligence et la sensibilité des enseignants devraient leur suffire à adapter, quand c'est nécessaire, leur pratique professionnelle à un élève handicapé. Mais il est vain, je le comprends, de forcer la main à ceux d'entre eux pour qui la vision du handicap est trop pénible.

L'auxiliaire de vie, quant à elle, était malveillante. Et le pouvoir que lui conférait sa position prétendue de spécialiste du handicap a donné libre cours à ce penchant. Qu'un individu haineux choisisse de s'occuper des plus vulnérables, qu'il pourra brimer et humilier sans qu'ils se défendent, c'est assez logique. Les multiples et intolérables affaires de maltraitance envers les personnes âgées ou handicapées témoignent de la banalité de cette perversion. Les responsabilités de ceux qui recrutent les auxiliaires de vie n'en sont que plus lourdes. Malheureusement, le manque d'attractivité de ces postes ne permet guère la sélection : nos enfants sont livrés à n'importe qui. Le hasard et la chance font que souvent, heureusement, les choses se passent bien. Ils ne sauraient pourtant tenir lieu de garantie quand des vies sont en jeu.

Un choix

L'école des Condamines est prête à accueillir Thomas dans des conditions qui semblent très encourageantes. Pourtant, le conflit qui nous a opposés à son AVS et à son institutrice me conduit à m'interroger sur mon choix de maintenir mon fils dans le système scolaire dit « ordinaire ». « Il y a des endroits pour les enfants comme ça ! » a laissé échapper la directrice de l'école maternelle lors de notre dernière rencontre. La phrase m'a révoltée. Mais est-il prudent de poursuivre, par principe, cette scolarité normale, au risque que la situation dérape à nouveau ? Une autre voie existe. À Vaucresson, un établissement réputé accueille à la fois des élèves porteurs d'un handicap moteur et des enfants valides, dans des proportions comparables. L'enseignement suit les programmes de l'Éducation nationale – l'école Toulouse-Lautrec n'accepte pas d'enfant atteint de retard mental – mais son organisation s'adapte à l'état de santé des élèves. La rééducation est assurée sur place et se coordonne avec les cours.

Je monte donc, en parallèle des démarches d'inscription à l'école des Condamines, un dossier de candidature à l'école Toulouse-Lautrec et je vais visiter l'établissement avec beaucoup d'attention. Ce que je découvre me plaît : cet enfant, par exemple, qu'une infirmité motrice cérébrale prive du contrôle de ses mouvements, mais aussi de la parole, aurait difficilement pu trouver sa place dans le système scolaire ordinaire. Il est intelligent, cela se voit. Ici, la formation spécialisée des enseignants, le matériel pédagogique adapté, les très petits effectifs des classes, le suivi individualisé de chaque élève lui permettront de bénéficier d'une scolarité réelle jusqu'au baccalauréat. Pourtant, force est de constater que le rythme de l'enseignement est différent : la grande place laissée, à bon escient d'ailleurs, au suivi médical des enfants et à leur rééducation ne permet de proposer qu'une scolarité sommaire et des perspectives professionnelles très limitées. Les élèves valides de cette école, eux, sont souvent dans des situations scolaires, sociales ou familiales difficiles. L'établissement est fier de mener un certain nombre de ses élèves jusqu'aux examens nationaux du brevet et du baccalauréat et, si l'on tient compte de l'importance du handicap des enfants qu'il accueille, les résultats qu'il présente sont effectivement remarquables. Ils n'en sont pas moins très en deçà des statistiques nationales. Les facilités et le caractère de Thomas me laissent à penser qu'il a, lui, besoin d'une scolarité à la hauteur de sa curiosité exceptionnelle. Je ne suis pas certaine que cette école puisse lui offrir un réel épanouissement intellectuel.

Je visite aussi l'infirmerie. Le risque de fracture est pour Paul et moi une préoccupation constante. Je laisse toujours à l'école un sac contenant tout le matériel nécessaire à la confection d'une attelle. Si Thomas se casse, on m'appelle et j'arrive au plus vite pour la réaliser. J'interroge les infirmières : si un tel événement se produisait ici, dans cet établissement médicalisé, seraient-elles habilitées à poser elles-mêmes une attelle à Thomas ? Non, me répondent-elles. Elles appelleraient le SAMU. Sur cet aspect précis, Toulouse-Lautrec ne nous apporterait donc pas une prise en charge plus complète que ne le fait un établissement scolaire ordinaire.

Je quitte l'école avec un sentiment voisin de celui que j'ai éprouvé à Roscoff : heureusement que cet endroit existe, mais Thomas n'en relève pas. Il s'y ennuierait et cela me semble rédhibitoire. Mener de front sa scolarité avec les soins médicaux indispensables est compliqué, mais nous y sommes parvenus jusqu'ici et allons continuer à nous y employer. Constituer autour de Thomas une équipe médicale disposée à s'adapter à son mode de vie ne sera sans doute ni facile, ni rapide, ni gratuit, mais cela nous permettra de choisir chacun des intervenants en fonction des besoins et des affinités de Thomas et de leur évolution au fil du temps. Ce choix de le garder à la maison et de le maintenir scolarisé en milieu ordinaire, qui est un choix familial que nous allons assumer tous les quatre, ne se fait pas au détriment de sa santé. Ce n'est pas le choix le plus courant, mais en le faisant, nous ne cherchons pas à nous distinguer. C'est simplement, nous semble-t-il, le seul qui convienne au tempérament de Thomas et qui permette de garantir son équilibre psychologique et affectif.

Le dossier d'inscription à l'école des Condamines, la demande d'attribution d'une AVS – demande qui doit être renouvelée chaque année – et la candidature à l'école Toulouse-Lautrec sont instruits par la commission départementale chargée de l'orientation des enfants handicapés. Nous ne sommes pas consultés. Les difficultés récemment rencontrées à l'école, sans doute, la facilité et l'habitude, peut-être, conduisent la commission à préférer pour Thomas l'école Toulouse-Lautrec. Paul et moi sommes parvenus à une conclusion différente. Même si la notification semble indiquer une décision sans appel, les petits caractères au dos du document nous laissent une voie de recours. Je fais part à l'administration de nos réflexions et de notre souhait que Thomas poursuive sa scolarité en milieu ordinaire. Je cite les extraits de la loi de 1975 en faveur des personnes handicapées qui me font penser que Paul et moi sommes maîtres de ce choix. J'obtiens gain de cause : Thomas pourra aller à l'école des Condamines.

L'histoire de mes démêlés avec son auxiliaire de vie et son institutrice a circulé. Thomas arrive aux Condamines avec la réputation d'un enfant distrait et mal élevé, et moi avec celle d'une mère laxiste et acariâtre qui alerte le Recteur au premier désaccord avec l'équipe enseignante. Le directeur est disposé à toutes sortes d'aménagements pour adapter la scolarité de Thomas à son handicap, mais il me met en garde : il n'est pas question que je m'avise de faire un scandale dans son établissement. Le moindre différend qui pourrait m'opposer à une autre personne de l'école sera traité dans son bureau et en sa présence. Il est proche de la soixantaine, son autorité est bien assise et il semble plein de bon sens et d'expérience. Il m'est très pénible de découvrir la piètre image qu'il se fait de moi. Nicolas, le nouvel auxiliaire de vie de Thomas, a manifestement été lui aussi prévenu contre nous. Il m'annonce d'emblée qu'il sera intransigeant sur la politesse de Thomas. Je l'y encourage : je n'ai jamais toléré que mon fils manque de respect à quiconque ! Ni Nicolas, ni le directeur n'acceptent que je leur donne ma version de ce qui s'est passé à la maternelle.

Mademoiselle B., la maîtresse de cours préparatoire, n'a pas du tout la même attitude. À deux ans de la retraite, elle a un charisme et une personnalité très prononcés. Elle ne semble accorder ni intérêt ni crédit aux bruits de couloir. Elle nous accueille sans faire aucune différence entre Thomas et les autres enfants et n'évoque rien qui fasse écho à nos antécédents.

Toujours pimpante, élégamment vêtue et impeccablement coiffée, Mademoiselle B. ne porte que des vestes de couleur gaie, chaque jour différente et toujours assortie à celle de ses chaussures, et ne se présente jamais devant ses élèves sans un maquillage discret mais soigné. Thomas, comme ses camarades, est sensible à cette coquetterie de bon aloi. Elle n'est pas seulement là pour leur apprendre à lire et à écrire : il y a mille choses à découvrir à la grande école et chacun de ses élèves a des qualités propres qu'elle va l'aider à faire éclore. Elle monte une chorale digne d'un conservatoire : la classe est capable de chanter tout un répertoire de chansons à plusieurs voix, en rythme, avec des nuances et sans la moindre fausse note. Les enfants qui ont du mal à lire ou à compter sont sans doute doués pour le dessin ou le théâtre. Chaque élève trouve sa place et Thomas, même s'il lit couramment depuis presque trois ans, ne s'ennuiera pas un instant cette année. Traité comme l'enfant de six ans qu'il est, avec ses qualités, ses défauts et ses particularités qui ne le rendent ni meilleur ni moins bon qu'un autre, il est tout heureux et épanoui. Plus jamais je n'entendrai parler de problème d'éducation ou de politesse.

Nicolas comprend très vite que Thomas n'est pas l'enfant insupportable qu'on lui a annoncé et ils deviennent de bons amis. Un « coin calme » a été aménagé dans la cour de récréation. Dans cette aire délimitée par des lignes de peinture au sol, il est interdit de courir et de sauter. La règle est scrupuleusement respectée : bien qu'il n'y ait aucun obstacle physique, comme par magie, les bousculades et les chahuts s'interrompent tout net à la frontière. Thomas n'y est jamais seul, ses camarades y viennent pour jouer paisiblement et bavarder avec lui. Il n'est pas interdit à Thomas de s'aventurer en dehors de ce territoire, mais il le sait, c'est à ses risques et périls. Il fait parfois des incursions dans le reste de la cour : le jeu consiste à demander à un de ses camarades de pousser son fauteuil en courant le plus vite possible pendant que Thomas, fou de joie, agite bras et jambes en tous sens. Il répéterait volontiers le scénario à chaque récréation s'il ne donnait pas des sueurs froides au pauvre Nicolas, qui s'interroge toujours avec finesse et sensibilité sur ce que ressent Thomas.

Les séances de kinésithérapie se poursuivent et, comme nous constatons que la faiblesse des mains et des bras de Thomas lui rend l'écriture manuscrite laborieuse et fatigante, une ergothérapeute vient chaque semaine à l'école pour lui apprendre à dactylographier ses textes sur le clavier d'un ordinateur dans les règles de l'art. Thomas mène joyeusement de front ses activités d'écolier et les soins médicaux qui lui sont indispensables : cette année scolaire est un vrai succès. Elle me conforte dans mon choix : si une année aussi parfaite a été possible, c'est que la place de Thomas est bien à l'école.

Une année horrible

Dans quelques jours, Thomas va entrer en CE1. En cette fin d'été, mon amie Frédérique et moi promenons nos enfants dans le parc du château de Versailles. Elle a trois charmantes fillettes et Thomas a fait la connaissance de l'aînée, Clémence, en cours préparatoire. Il lui est très attaché. Nous nous asseyons sur une pelouse. Frédérique et moi bavardons en surveillant le petit groupe : Clémence cueille des pâquerettes et les apporte à Thomas qui en étudie soigneusement les pétales pendant que Pierre, Agathe et Héloïse courent dans l'herbe. J'observe Thomas. Il est content de retrouver Clémence et par bonheur, il ne souffre d'aucune fracture ces jours-ci. Pourtant, il n'a pas l'air à son aise et semble à chaque instant chercher une position plus agréable dans son fauteuil. Cela fait déjà quelques semaines que j'ai remarqué cette gêne. L'assise de son siège est réglable, elle a été récemment ajustée à sa taille, et son corset a été contrôlé il y a peu. Malgré cela, son inconfort persiste. Sur le chemin du retour, tout en poussant le fauteuil, je confie mon inquiétude à Frédérique. Quelque chose cloche.

Mon instinct ne m'a pas trompée. Dans les semaines qui suivent, Thomas perd la faculté de s'asseoir. L'articulation de ses hanches ne fonctionne plus, il hurle de douleur quand il faut les plier. Ne plus s'asseoir, cela signifie ne plus pouvoir utiliser son fauteuil, et donc ne plus sortir, ne plus aller à l'école. Presque toute l'année de son CE1, il va rester alité à la maison, douloureux en permanence, sans que nous comprenions pourquoi, ni ne sachions comment l'aider. Le docteur F. opère ses deux hanches, les bloque, interrompant ainsi le processus de rotation qui est en cours et empêche Thomas de les plier. À chaque opération, nous espérons que Thomas pourra s'asseoir à nouveau, en vain. Désemparé, découragé, le kinésithérapeute qui s'occupait de lui depuis notre arrivée à Versailles baisse les bras et cesse de venir. Nous achetons un autre fauteuil roulant, électrique celui-ci, que Thomas peut utiliser en position semi-allongée. Il faut être deux pour l'y installer, chaque manipulation provoquant douleurs et cris. Lui mettre son corset est devenu un calvaire. Nous commandons une nouvelle voiture, spécialement transformée pour qu'on puisse y charger le lourd fauteuil électrique. Tout coûte cher et je consacre une grande partie de mon temps à monter des dossiers de financement. Nous déménageons pour nous installer dans un appartement plus grand, où nous pourrons faire les aménagements nécessaires au handicap de Thomas, dont il devient évident qu'il ne va faire que s'aggraver. Tout cela, à l'aveugle, sans conseil, sans savoir où nous allons.

Un spécialiste de la douleur prescrit de la morphine, en permanence, à doses importantes. Je n'ai pas l'impression qu'elle soulage Thomas : il pleure toujours autant. Sous l'effet de la drogue, il somnole vingt heures par jour et transpire à seaux. Je veux arrêter ce traitement, ou le diminuer. Mais le médecin ne répond plus au téléphone et je ne sais pas comment faire. Devant tant de souffrances de Thomas, je perds pied. Les médecins ne comprennent pas pourquoi il a si mal et semblent impuissants à le soigner. Comme à chaque période de crise, ils essaient d'avoir l'avis de confrères : les consultations se multiplient, de manière plus ou moins anarchique. Tous, y compris ceux que nous voyons pour la première et unique fois, y vont de leur commentaire. Les médecins détestent ne pas comprendre : à défaut de trouver une explication, certains préfèrent penser, bien à tort, que je dramatise la situation.

Pendant des mois, Thomas est intransportable et je ne peux pas le quitter un instant. Nous vivons cloîtrés tous deux à la maison et n'en sortons que pour aller à l'hôpital, en ambulance. Des mamans de camarades de son petit frère se mobilisent pour m'aider. Elles mettent en place un roulement afin d'assurer tous les trajets de Pierre pour l'école, et le reçoivent à déjeuner tous les midis de semaine. Sans que j'aie à demander ou organiser quoi que ce soit, elles prennent tout en main pour faire en sorte que la vie quotidienne de Pierre soit aussi peu perturbée que possible par le passage difficile que nous traversons ; elles ajoutent à leur initiative des coups de téléphone réguliers pour me soutenir. Leur empathie, leur énergie et leur imagination sont d'un immense secours. Ce mouvement spontané d'amitié et de solidarité me va droit au cœur.

Les circonstances m'obligent souvent à faire appel aux bonnes volontés : parfois pour qu'on garde Thomas quelques heures, parfois parce que j'ai besoin du renfort de deux bras supplémentaires pour le porter, parfois pour que quelqu'un s'occupe de Pierre. À cette occasion, je me découvre une fierté bien vaine. Cela me coûte de demander un service, et aussi de l'accepter. Bien sûr, cette aide m'est souvent apportée par nos familles ou nos amis, mais aussi, fréquemment, par des voisins ou des personnes que je connais à peine. J'en suis très reconnaissante, mais je me sens redevable. Il me faudra du temps pour accepter la gratuité de l'aide qu'on m'apporte, que parfois je sollicite.

Un matin, je dois aller faire une course. Ma voisine Patti descend garder Thomas et je lui exprime cet embarras. En guise de réponse, elle me raconte son histoire, me faisant là un cadeau dont elle n'imagine peut-être pas la portée. Plusieurs années plus tôt, son mari et elle, parents de deux jeunes enfants, ont tous les deux été atteints d'un cancer. Son mari en est mort, elle a guéri. Pendant des mois, elle a mené de front l'accompagnement de son mari en fin de vie à l'hôpital, et ses propres traitements, tout en protégeant du mieux possible ses enfants. Souvent, elle a dû confier ses petits à ceux qui le lui proposaient, même quand elle les connaissait peu, en sachant qu'elle n'aurait pas de service comparable à leur rendre en retour. En gardant Thomas ce matin, elle a le sentiment de s'acquitter d'une dette envers les autres, même si je ne suis pas celle qui l'a aidée autrefois. Elle me parle d'un « service tournant », qui circulerait des uns aux autres, que l'on se rendrait non pas par pitié, ni dans l'attente d'une contrepartie, mais par solidarité entre personnes qui, à un moment de leur vie, traversent une épreuve. On l'a aidée, elle m'aide, et un jour, j'aiderai quelqu'un. J'aime cette idée. J'essaierai à l'avenir de retenir cette leçon et d'accepter plus simplement le secours des autres ; je ravalerai ma fierté, j'apprendrai à être plus humble. Et quand l'occasion se présentera, je tâcherai à mon tour, d'une manière ou d'une autre, de soutenir une personne qui en a besoin. À défaut de toujours savoir comment remercier pour les services innombrables qui me sont rendus, je prends l'engagement, à cet instant, de faire mon possible pour tenir ma place dans cette chaîne de mains tendues.

En janvier, certains médecins insistent pour hospitaliser, puis « placer » Thomas. Il ne s'agit pas de le soigner, mais de me soulager, moi. Il est vrai qu'assister, du matin au soir et du soir au matin, une personne qui souffre en permanence est éprouvant. En décharger les parents est apparemment la solution habituelle. Pour moi, c'est inconcevable. J'ai l'impression qu'on veut m'arracher un morceau de moi-même. Ma réaction surprend les médecins. On me répond : « Il est temps de couper le cordon. » On évoque en termes pompeux le « caractère très symbiotique de la relation » que j'entretiens avec Thomas. Comme s'il était naturel de quitter le domicile familial à l'âge de sept ans ! Comme si refuser cette proposition était le signe d'un amour pathologique !

C'est un fait : depuis toujours, la dépendance de Thomas, et la difficulté à trouver des personnes responsables, disponibles, compétentes ou simplement suffisamment dévouées pour s'occuper de lui, font de moi sa principale auxiliaire de vie. Je l'accompagne dans toute sa vie quotidienne, dans sa vie sociale, dans son travail et aussi, bien souvent, en classe – quand l'AVS, pour une raison ou pour une autre, fait défaut. J'accomplis pour lui tous les gestes qu'il ne peut faire seul. Je le porte, je le lave, je l'habille, je le nourris, je le soigne. Je me lève la nuit chaque fois que c'est nécessaire. Je suis tour à tour son chauffeur, sa secrétaire, son assistante, sa garde-malade ou son infirmière. Mais je suis aussi sa mère : je me réjouis quand il est heureux, je suis fière de ses succès, je souffre moi aussi de ses douleurs ou de ses chagrins. J'ai conservé à son égard le sixième sens d'une maman de tout-petit. Il est donc vrai que je n'ai avec lui ni la relation normale du soignant – professionnel – au soigné, avec la distance affective qu'elle devrait comporter, ni les rapports habituels d'une mère à son fils grandissant qui, au fur et à mesure qu'il acquiert de l'autonomie matérielle, s'éloigne physiquement de ses parents. Ce n'est pas un choix, mais une réponse à un état de fait. À situation inhabituelle, solution inhabituelle. Je n'ai pas de modèle, je fais de mon mieux.

Cette relation peut surprendre. Les circonstances sont hors normes, mais certains professionnels la jugent tout de même à l'aune des critères communs. Quand Thomas avait cinq ans, une psychologue est entrée dans sa chambre d'hôpital et m'a trouvée en train de lui faire manger un yaourt à la petite cuillère. Sans observer plus en détail la scène, elle a poussé de hauts cris : à cinq ans, un enfant doit manger seul. C'était habituellement le cas de Thomas. Mais à ce moment précis, il avait les deux bras cassés : étais-je censée, pour respecter les conventions, le laisser mourir de faim jusqu'à ce qu'il puisse utiliser à nouveau ses mains ? La psychologue m'avait cataloguée avant même de chercher à comprendre les raisons de mon attitude. Les médecins ne se conduisent pas différemment aujourd'hui, quand ils s'offusquent que je refuse une séparation complète et probablement définitive de mon fils de sept ans et que j'insiste pour le garder à la maison et m'occuper moi-même de lui.

Je décide de n'écouter que mon instinct, mon cœur et ma conscience : notre fils restera chez nous, quelles que soient les difficultés. Et elles sont nombreuses. Thomas souffre toujours autant, il n'a plus de kinésithérapeute, il est toujours alité, je ne sais pas s'il pourra s'asseoir un jour à nouveau et retrouver une vie plus normale, je n'ai pas d'autre aide que celle, bénévole, apportée par notre entourage, je ne suis pas équipée du matériel nécessaire. Certains médecins parlent de me prendre mon enfant et mettent en cause ma relation avec lui, ce qui me rappelle de douloureux souvenirs. Pour couronner le tout, cette année, Paul travaille en province et ne rentre que pour les week-ends. C'est sans lui que je dois faire face aux équipes médicales et prendre les décisions. Je suis mal à l'aise et complètement perdue. Pour les médecins, rien n'est jamais grave. Dans ma vie, tout part à vau-l'eau.

Kerpape

Au printemps, un médecin versaillais nous conseille un séjour à Kerpape, dans le Morbihan. Comme Roscoff, c'est un centre de rééducation. Nous pourrions loger à proximité du centre, tous les quatre, pendant quelques semaines, et y emmener Thomas chaque jour pour des séances de kinésithérapie, d'ergothérapie, de piscine. Le personnel très spécialisé pourrait, pense-t-elle, nous sortir de l'impasse dans laquelle elle nous voit, en nous conseillant sur les soins et les aménagements matériels dont Thomas a évidemment besoin. Elle engage toutes les démarches administratives nécessaires. Elle a raison, nous ne pouvons pas continuer ainsi. Mais pour ma part, je n'ai pas oublié Roscoff et, si je présente bravement ce séjour aux enfants comme des vacances, j'ai peur.

Dans l'urgence, j'active mon réseau amical afin de trouver un logement. Des inconnus nous offrent de nous prêter leur maison à Lorient pour trois semaines en août. Il faudra que j'insiste pour qu'ils acceptent un loyer dérisoire : ils ne voulaient rien. Quelle générosité, quelle confiance, quelle gentillesse, dont une fois de plus je me sens redevable ! Nous faisons transporter Thomas en ambulance jusque là-bas, après des pourparlers pénibles auprès de l'assurance maladie qui a égaré son dossier. Je pars avec lui, pendant que Paul fait le trajet en voiture avec Pierre. Pour les deux garçons de sept ans et demi et six ans, c'est l'aventure. Thomas, qui n'est pas sorti de notre appartement depuis des mois, a l'impression d'aller au bout du monde et s'émerveille que les ambulanciers bretons parlent français.

Le centre de Kerpape est construit en bord de mer, sur un site magnifique traversé par le chemin des douaniers. Il n'est pas isolé comme l'était celui de Roscoff sur sa presqu'île, et le soleil estival est plus accueillant que les tempêtes que nous avons essuyées là-bas. Tous les jours, les kinésithérapeutes massent et mobilisent précautionneusement le corps endolori de Thomas. Les ergothérapeutes aménagent son fauteuil avec des coussins moulés à ses formes, qui l'enveloppent, le maintiennent et le protègent. Ils adaptent son corset à ses nouvelles difficultés et nous conseillent sur l'achat de matériel spécialisé. Le médecin met en place un traitement permanent par patchs de morphine pour soulager Thomas.

Entre deux séances de rééducation, nous allons tous ensemble sur la plage et profitons du parc splendide qui entoure les bâtiments. Il est immense. Tout ici, d'ailleurs, est à une échelle inhabituelle. Les soignants circulent à bicyclette dans des centaines de mètres de coursives vitrées que Thomas parcourt, lui, à l'allure la plus rapide permise par son fauteuil électrique. Les lieux sont prévus pour cela : leur sol est lisse et sans aspérité, les virages sont doux et la largeur des couloirs laisse à deux fauteuils roulants la possibilité de se croiser sans risque. Les portes s'ouvrent automatiquement quand on approche. Thomas se sent chez lui, il s'en donne à cœur joie et expérimente des sensations de vitesse, d'autonomie et de liberté qui lui sont interdites en ville, tandis que Paul, Pierre et moi galopons à ses trousses, bardés de la parfaite panoplie du vacancier, seaux, pelles et sac de pique-nique, harnachés aussi de tout un attirail orthopédique aussi encombrant que varié, attelles, coussins, machines diverses que notre séjour donne à Thomas l'occasion de tester. Paul initie les garçons à l'art du cerf-volant et aux plaisirs du baby-foot et enseigne à Pierre les rudiments du tennis et de la voile. Chaque jour, nous nous baignons tous les quatre dans la piscine du centre. Des plans inclinés et des brancards spéciaux nous permettent d'emmener Thomas jusque dans le bassin empli d'eau de mer chauffée à trente-deux degrés. Sentir dans mes bras le corps de Thomas délivré de son corset, porté par l'eau, réconforté par la chaleur et le bien-être qu'elle lui procure, après tous ces mois pendant lesquels il a tant souffert, quelle joie si simple, si naturelle, dont pourtant lui et moi sommes tant privés ! Pendant quelques précieuses minutes, je peux le câliner comme n'importe quelle maman, sans lui faire mal, sans avoir peur. Tous les soirs, nous nous retrouvons en famille dans notre maison de location. Le week-end, nous visitons les environs et les enfants découvrent avec délices les crêpes bretonnes.

Le séjour s'avère profitable sur le plan médical et, grâce à l'équilibre entre la rééducation et notre vie quotidienne, nous tient aussi réellement lieu de vacances. À la fin de l'été, nous rentrons bronzés, reposés, remis en selle par tous les conseils reçus pour accompagner Thomas. Vivre redevient possible. En septembre, Thomas peut reprendre le chemin de l'école, ce dont je désespérais. Et tous les étés pendant six ans, nous retournerons à Kerpape pour prendre des vacances et renouveler nos forces auprès de ces équipes dévouées, compétentes, et toujours respectueuses de nos choix.

Rires

Paul et moi sommes assis l'un près de l'autre sur le canapé de la bibliothèque. De la salle de bains voisine nous parviennent des cris de joie. C'est l'heure du bain.

La salle de bains, c'est la pièce maîtresse de la maison. Paul a coutume de dire que c'est elle qui l'a décidé à choisir cet appartement : elle a une superficie de douze mètres carrés. Nous pouvons y amener Thomas sur le « petit lit à roulettes » que mon beau-père a fabriqué lorsque son petit-fils a perdu la station assise, dans lequel Thomas est confortablement installé, et dont les dimensions et la maniabilité lui permettent de nous suivre dans toutes les pièces de la maison. La taille de la salle de bains nous laisse toute latitude pour les manœuvres du lit ou du fauteuil roulant et les transferts de Thomas. La baignoire est immense et nous l'avons fait équiper d'un système qui permet d'allonger Thomas sur un plan horizontal à la hauteur du rebord, afin de ménager notre dos. Des vérins hydrauliques font ensuite descendre le support dans l'eau, puis le remontent à la fin du bain. La baignoire est ainsi réservée à l'usage de Thomas et juste à côté, une vaste douche sert aux autres membres de la famille.

Les garçons ont respectivement huit ans et six ans et demi, et prennent un grand plaisir à se laver à la même heure. Thomas aime tremper un bon moment dans le bain : au début de la soirée, l'eau chaude délasse son corps des pressions de son corset et des douleurs de la journée. Pierre, lui, est sous la douche et va y rester aussi longtemps que Thomas dans la baignoire. Tant pis pour la consommation d'eau chaude ! Nous l'entendons s'exclamer : « Oh ! Ah ! Excellent… Mmh ! Délicieux… Pouah ! Infect ! » Thomas rit aux éclats et, à la suite de chaque commentaire de Pierre, applaudit et crie un chiffre.

C'est leur grand jeu du moment : le concours de shampooings. Pierre ouvre l'un après l'autre les flacons qu'il trouve dans la douche, lit à haute voix la marque sur l'étiquette, renifle le produit avec affectation, s'extasie sur son odeur ou, au contraire, manifeste bruyamment son écœurement. Il fait le clown pour amuser son frère. Thomas qui, depuis la baignoire, ne le voit pas, répond aux onomatopées de Pierre en annonçant des notes et un classement. Cela les amuse beaucoup. À la fin de leur toilette, je retrouverai les petites bouteilles à moitié vides, mal refermées, mais soigneusement rangées dans l'ordre de préférence qui, ce soir, leur aura été attribué.

C'est absurde, c'est comique. L'humour de Pierre et la joie de Thomas sont communicatifs et Paul et moi ne pouvons nous empêcher de rire. Le vacarme des enfants rend inutile une surveillance plus rapprochée : nous les entendons distinctement et au moindre silence suspect, nous nous précipiterions pour nous assurer que Thomas n'a pas glissé dans l'eau. Mais il n'y a jamais de silence et en gardant cette petite distance, nous laissons leur fantaisie et leur complicité s'exprimer librement. Paul et moi nous serrons l'un contre l'autre. J'oublie hier, je ne pense pas à demain. Je crois bien que nous sommes heureux.

Un kinésithérapeute

– Capitale de l'Uruguay ?

– …

– Montevideo. Date de naissance de Napoléon ?

– 1769.

– Combien de faces a un icosaèdre ?

– Ah non, on avait dit pas de question mathématique !

La séance de kinésithérapie bat son plein. Pendant qu'il subit avec la bonne humeur dont il ne se départ jamais l'assaut des questions de Thomas, Monsieur C., que Thomas appelle Jean-Luc, mobilise tout doucement chacun de ses membres, lui fait travailler ses muscles du dos et de la nuque, avant de brancher la machine qui entretient sa fonction respiratoire.

Sollicité par notre médecin de famille, Monsieur C. m'a appelée pour me proposer ses services pour Thomas à notre retour de Kerpape. Il venait d'arriver dans la région et recherchait une patientèle de personnes handicapées ayant besoin de soins réguliers au long cours. Nous désespérions de trouver un kinésithérapeute suffisamment disponible pour venir soigner Thomas à la maison au moins trois fois, et si possible cinq fois par semaine. La rencontre était providentielle. Mais Thomas, qui souffrait depuis des mois, était méfiant. Il ne s'est pas laissé approcher facilement. Moi aussi, j'avais peur. Et Monsieur C., pour sa part, n'était pas familier d'une fragilité si importante. Il n'a pas prétendu s'y connaître : à sa première visite, il m'a laissée lui décrire en détail les soins que ses confrères de Kerpape avaient apportés à Thomas, que je tentais de reproduire chaque jour depuis notre retour. Je ne crois pas lui avoir appris grand-chose, mais la patience et l'attention avec lesquelles il a écouté mes recommandations inquiètes et la vigilance dont il a fait preuve dans son attitude autant que dans ses gestes lui ont gagné notre confiance.

Pour Thomas, il est devenu un confident. C'est lui que Thomas informe le premier des douleurs qu'il ressent. C'est lui qui l'aide par toutes sortes de techniques à maîtriser son appréhension de chaque mouvement. Thomas est d'un tempérament solitaire et indépendant. Il n'aime pas nous inquiéter et se livre peu. À Monsieur C., il dévoile certains de ses tourments. Monsieur C. est parfaitement discret et je ne sais rien de leur nature. Mais je vois l'accompagnement psychologique intelligent et délicat qui s'ajoute à la rééducation du corps. Thomas est par nature sensible et émotif. Au fil du temps, Monsieur C. lui apprend à répondre avec humour à une remarque blessante et à affronter sans crainte le regard des autres. Il l'aide à prendre confiance en lui – et il obtient des résultats qui dépassent mes espérances.

Monsieur C. est un professionnel rigoureux. Il veille à garder la réserve et la distance affective indispensables à son métier, qu'il considère davantage comme une mission que comme un gagne-pain. Mais il vient tous les jours à la maison et aucun événement ne peut lui échapper. Il connaît l'état physique et moral de Thomas mais aussi celui de toute la famille. Il est toujours présent, dans les coups durs comme dans les joies. Si Thomas se casse un dimanche, il vient. Si une consultation médicale me démoralise, il m'écoute pendant des heures. Si j'ai besoin de son intervention à l'école, il y va. Si je lui demande de rencontrer un médecin avec Thomas et moi, il accepte. Il se réjouit des bonnes notes de Thomas, et aussi de celles de Pierre. Il fête avec eux leurs anniversaires, se tient au courant des naissances de leurs cousins et cousines et de la santé de leurs grands-parents. La nature des rapports qu'il entretient avec notre famille reste avant tout professionnelle. Pourtant, à mes yeux, il ne fait pas l'ombre d'un doute que Thomas et lui sont très profondément attachés l'un à l'autre.

Comme lui, certains soignants, médecins, rééducateurs, appareilleurs, font montre d'un dévouement à toute épreuve, qui dépasse souvent leur strict devoir professionnel, que ce soit par leur disponibilité ou par l'intérêt particulier qu'ils portent à Thomas ; ils nous donnent le sentiment d'un soutien solide et indéfectible, et parviennent à rendre légère, douce, et même agréable cette relation que nous n'avons pas choisie.

« Je vais aller en sixième ! »

Thomas est en CM1. Après les difficultés médicales qui l'ont immobilisé chez nous, alité, et l'ont privé d'école pendant la presque totalité de son année de CE1, nous n'avons pas voulu prendre le risque qu'il se trouve encore totalement déscolarisé. Nous avons choisi de mettre en place un système mixte : le matin, il va à l'école des Condamines, où il a eu la joie de retrouver son amie Clémence. L'après-midi, il reste à la maison et deux fois par semaine, une enseignante vient lui faire la classe à domicile. Elle est envoyée par un établissement au nom explicite : « Votre École Chez Vous[1] ». Cela permet à Thomas de rester allongé une partie de la journée et il se fatigue moins.

1. « Votre École Chez Vous », devenue depuis l'École France Quéré, est un établissement scolaire privé sous contrat, gratuit, permettant la scolarisation à domicile d'enfants et d'adolescents malades ou handicapés, de la maternelle au lycée, en Île-de-France et en Seine-Maritime.

Et si, par malheur, la maladie venait à nouveau à l'empêcher d'aller aux Condamines, « Votre École Chez Vous » pourrait prendre le relais pour assurer une scolarité complète.

Ce soir, il est dans son bain et après l'avoir savonné, je lui tiens compagnie pendant qu'il profite du bien-être que l'eau chaude lui procure toujours. Il me parle avec animation de sa dernière découverte :

– J'aime tellement les nombres irrationnels !

– Les nombres irrationnels ? Mais qu'est-ce que c'est ? (Je le sais, mais entendre Thomas présenter sa conception des objets mathématiques me réjouit toujours.)

– Eh bien, ce sont les nombres qu'on ne peut pas mettre sous la forme d'une fraction ; par exemple, π, ou *e*.

– π, je connais bien. Mais *e*, qu'est-ce que c'est ?

– C'est le nombre dont le logarithme vaut 1.

– Le logarithme ?

– C'est la surface qui se situe sous la courbe de la fonction *1/x*.

Les connaisseurs apprécieront : ce petit garçon de neuf ans, tout seul, s'est approprié à sa manière les notions de primitive et d'intégrale.

Quelque temps plus tard, sa maîtresse me convoque :

– Je ne sais pas ce que vous faites faire à Thomas à la maison, mais je ne m'en sors plus, il me pose des questions abracadabrantes…

– Que s'est-il passé ?

– Pendant la leçon de géométrie, il est intervenu pour me demander quand nous aborderions la géométrie non euclidienne, parce qu'il commençait à en avoir assez de la géométrie euclidienne. Il a expliqué devant toute la classe qu'il s'agissait d'une géométrie où des droites parallèles pourraient se croiser[1]. Que suis-je censée répondre ?

Je conçois le désarroi de l'institutrice et souris de la curiosité de mon petit bonhomme. Ses capacités intellectuelles hors norme se sont révélées très tôt. Il s'est vite passionné pour tout ce que les livres pouvaient lui faire découvrir. Ses goûts sont très éclectiques : il s'intéresse à la musique, à l'histoire,

1. L'axiome d'Euclide implique que par un point extérieur à une droite, il passe une et une seule droite parallèle à celle-ci. C'est un postulat et non un théorème : il n'est pas démontré, et sans doute pas démontrable. Il n'est donc pas illicite de le remettre en question. Au XIXe siècle, certains mathématiciens ont ainsi pu découvrir d'autres géométries possibles. Thomas n'invente rien !

à la géographie, à la littérature, au cinéma, à l'art, aux langues étrangères. Et aux mathématiques. La nature abstraite de cette science, la beauté et la perfection qu'elle permet d'atteindre, les concepts purement intellectuels qu'elle développe le fascinent. L'univers mathématique s'ouvre à lui sans restriction, alors que tant d'aspects du monde physique lui échappent. Il lit énormément sur ce sujet, et va bien au-delà de ce que les programmes scolaires lui permettent d'aborder.

Devant une telle soif d'apprendre se pose la question d'accélérer sa scolarité. Pour lui, c'est presque vital : quand il s'ennuie, il se laisse dépérir. Son corps n'est déjà pas bien vaillant, nous ne pouvons nous permettre qu'il perde l'appétit ou le moral. Mais les sauts de classe ne sont pas toujours bien vus du corps enseignant. En particulier, il est d'usage de fixer comme condition que l'enfant soit en avance, de manière homogène, dans l'ensemble des apprentissages. Thomas a été évalué par une psychologue lorsqu'il était à l'école maternelle et, si elle a bien acté une avance très importante dans les domaines de la lecture, du raisonnement et de la logique mathématique, elle a aussi noté un retard prononcé en ce qui concerne toutes les activités graphiques et manuelles. Ce retard s'explique évidemment par le handicap de Thomas et il n'y a aucun espoir qu'il le comble un jour – il est même probable qu'il s'aggrave à l'avenir. Sur le papier, Thomas n'entre donc pas du tout dans les critères requis pour « sauter » une classe. Après tous les ennuis que nous avons eus à l'école maternelle, après l'éprouvante année pendant laquelle il a perdu la station assise, sa scolarité se passe bien et je n'ai pas très envie de créer des tensions entre l'équipe enseignante et moi. C'est son auxiliaire de vie, Florence, qui s'occupe de Thomas depuis qu'il a repris le chemin de l'école en CE2, qui m'alerte. Cette jeune femme très talentueuse est particulièrement attentive à mon fils et reconnaît en lui des traits de précocité. Elle me pousse à engager des démarches auprès des enseignants.

La procédure oblige à de nouveaux tests. La psychologue scolaire les réalise et nous convoque, Paul et moi, pour nous en communiquer les résultats. De toute sa carrière, elle n'a jamais vu cela. Elle a fait passer à Thomas un test de quotient intellectuel prévu pour un enfant de son âge et est arrivée à la conclusion que Thomas n'est, en fait, pas évaluable : il a dépassé les scores maximaux dans toutes les sous-catégories du test. Son rôle, nous explique-t-elle, n'est à l'ordinaire que consultatif : quand une école ou des parents envisagent un saut de classe pour un enfant, elle peut l'encourager ou au contraire émettre des réserves. Les résultats de Thomas sont tellement exceptionnels qu'elle va outrepasser ses fonctions : elle écrit à la directrice des Condamines pour l'informer que dans le cas de Thomas, le saut de classe s'impose, et qu'elle pense même qu'il ne suffira pas et que d'autres accélérations de sa scolarité seront par la suite nécessaires.

L'équipe de l'école se range sans difficulté à cet avis. La psychologue vient elle-même annoncer la nouvelle à Thomas et c'est avec un cri de joie qu'il me retrouve à la sortie de la classe : « Je vais aller en sixième ! » Oui, mon chéri, tu vas aller en sixième. Après les épreuves que tu as subies ces dernières années, tu le mérites bien et je m'en réjouis pour toi.

Au printemps, il est donc décidé que le bulletin de Thomas, au lieu de porter la mention habituelle « passe dans la classe supérieure », lui ouvrira de manière anticipée les portes du collège. Il faut donc, bien plus vite que je ne l'avais prévu, trouver un établissement qui puisse l'accueillir.

La loi de 2005 est entrée en vigueur il y a peu et j'espère que les choses vont être plus faciles que pour l'entrée en maternelle. De fait, cette loi change la donne. La scolarisation des enfants handicapés devient un droit, en priorité dans l'école du secteur si c'est possible. Si ça ne l'est pas, ou si l'enfant a besoin d'aménagements particuliers ou d'être accompagné par une auxiliaire de vie scolaire, les modalités de mise en œuvre de ces aménagements sont désormais définies. Des « enseignants référents », au sein des inspections académiques, sont les interlocuteurs des parents et les accompagnent, normalement, dans leurs démarches. C'est du moins la règle et elle a le mérite d'exister. La pratique, comme je vais le constater, est sensiblement différente et reste quelque peu chaotique.

J'appelle donc l'enseignante référente chargée du dossier de Thomas. Une fois par an, elle organise une réunion à l'école avec les enseignants des Condamines et de « Votre École Chez Vous », l'AVS, certains soignants et moi-même pour faire le point sur la situation et les besoins de Thomas. Thomas lui-même n'y participe pas, afin que les adultes puissent exprimer librement, sans qu'il en soit témoin, leurs craintes, leurs inquiétudes ou leurs difficultés. Le compte rendu de cette réunion est une pièce essentielle du dossier : c'est lui qui définit les aménagements nécessaires à poursuite de la scolarité de Thomas et permet, par exemple, de demander l'attribution d'heures d'AVS pour l'année suivante. Il s'agit pourtant d'un document purement administratif : l'enseignante référente n'a jamais rencontré Thomas et n'est pas appelée à le faire.

Madame A. est charmante et ravie d'apprendre que les résultats de Thomas sont si bons qu'ils vont lui permettre de sauter le CM2. Je lui demande quels sont les collèges de Versailles en mesure d'accueillir un élève en fauteuil roulant.

– Aucune idée ! Prenez l'annuaire et appelez-les pour demander. Aurez-vous la gentillesse de me tenir informée des résultats de vos recherches ? Ils pourraient m'être utiles si d'autres élèves en fauteuil, à l'avenir, cherchent un collège.

Apparemment, la loi de 2005 n'a pas fait de miracle. Je retrousse donc mes manches pour attaquer ma tournée des collèges, avec la vague impression que l'histoire bégaie.

Mon premier appel est, par principe, pour le collège public de notre secteur. Il n'a pas très bonne presse et à dire vrai, je n'ai guère envie que Thomas y poursuive sa scolarité. Mais je le sais pourvu d'un ascenseur, ce qui, à l'époque, n'est pas systématique. C'est une secrétaire qui décroche :

– Bonjour Madame, mon fils va entrer au collège l'année prochaine, il est en fauteuil roulant et…

– Ça ne va pas être possible.

– Ah bon, pourtant il me semblait que vos locaux étaient adaptés, et on m'a dit qu'il y avait un ascenseur.

– C'est vrai, mais il est réservé aux professeurs.

– Bien sûr, je comprends bien qu'il ne soit pas en accès libre, mais si un élève est en fauteuil roulant, il a peut-être le droit de l'utiliser ?

– Non, ce n'est pas prévu. Nous ne prenons pas d'élève en fauteuil roulant. Cela n'entre pas dans notre projet pédagogique.

– Votre projet pédagogique ? Mais la loi…

– Désolée, Madame, je ne peux rien faire pour vous.

Fin de la conversation. Bien sûr, je pourrais écrire à l'Inspection, au Rectorat et au Ministère pour dénoncer la réponse qu'on vient de me faire. Mais je n'ai pas de temps à consacrer à des démarches qui ne mèneront vraisemblablement nulle part, et de toute façon l'expérience a montré qu'imposer Thomas à des gens qui n'en veulent pas conduit inévitablement au fiasco. *Exit* donc le collège de secteur.

Le deuxième sur ma liste est, pour le coup, celui en qui je place tous mes espoirs. C'est un collège privé de très bon niveau et il se situe tout près de chez nous. La directrice me propose un rendez-vous, ce qui me paraît de bon augure. Je m'y rends très enthousiaste. Je sais que des enfants en fauteuil y ont déjà été accueillis. Je déchante très vite : si la plus grande partie des locaux est accessible, toutes les classes de sixième sont au premier étage d'un bâtiment sans ascenseur. Il faudrait, le temps d'une année scolaire, en déménager une dans une salle du rez-de-chaussée. Cela ne me semble pas insurmontable, mais à la directrice, si. Elle m'oppose un incompréhensible argument psychologique qui imposerait que les onze classes de sixième soient dans le même couloir, et elle ne peut pas toutes les déplacer. Elle ajoute que « contrairement à un collège public, rien ne l'oblige, elle, à accepter Thomas ». J'espérais autre chose d'un établissement qui revendique, dans les brochures que j'ai eu le temps de feuilleter avant qu'elle me reçoive, la dimension chrétienne de son projet éducatif.

Mon troisième appel est pour le collège Hoche. C'est un collège public d'excellent niveau et j'espère que cette fois, c'est la bonne. La secrétaire me passe le proviseur qui m'écoute avec beaucoup d'attention. Malheureusement, cette immense cité scolaire est en pleins travaux de rénovation et de mise en accessibilité. Dans deux ans, elle devrait être parfaitement en mesure d'accueillir des élèves en fauteuil, mais pour l'heure, c'est impossible. Le chantier bat son plein, rien n'est fini, et Thomas y courrait trop de risques.

Je continue mes démarches. Versailles a la chance de compter une bonne dizaine d'établissements publics et privés et je les appelle tous, un par un, sans tenir compte ni de leur niveau, ni de leur réputation, ni de leur éloignement. Aucun ne peut accueillir Thomas. En général, la présence d'escaliers est rédhibitoire. La peur ou la mauvaise volonté, je le crains, font le reste.

Je suis à court de munitions. Apparemment, à Versailles, ville de près de quatre-vingt-dix mille habitants, en 2008, un enfant en fauteuil roulant ne peut pas entrer au collège. Que faire ? Faut-il refuser le saut de classe qu'on propose à Thomas dans l'espoir qu'il entre l'année suivante au collège Hoche, où les travaux seront peut-être terminés ? C'est désolant, mais y a-t-il une autre solution ? Je pose la question à l'institutrice de « Votre École Chez Vous » lorsqu'elle vient à la maison. Elle soutient activement, depuis le début, ce projet de saut de classe et aura sans doute une idée. « Avez-vous pensé à Blanche de Castille ? » Eh non, pour une raison très sotte : ce collège est situé dans la ville voisine du Chesnay et non à Versailles, et je n'ai consulté que la rubrique « Versailles » de l'annuaire. C'est d'autant plus nigaud de ma part que, même s'il est implanté de l'autre côté de la limite géographique de notre commune, il est en fait beaucoup plus proche de chez nous que la plupart des collèges que j'ai appelés ces derniers jours.

Je reprends mon téléphone. La secrétaire est très compréhensive : bien sûr, à cette époque de l'année, les effectifs sont au complet pour la rentrée prochaine, comme dans tous les établissements privés de la région. Mais quand même, notre situation est bien particulière, avec le fauteuil, et puis, un saut de CM2, c'est rarissime. Elle ne peut pas me passer la directrice mais me conseille de lui écrire. Elle ne sait pas si on pourra me répondre favorablement, mais elle est sûre que la question sera étudiée avec le sérieux qu'elle mérite.

Quelques jours avant les vacances de Pâques, je dépose une lettre dans la boîte du collège. J'ai été directe : Blanche de Castille, c'est notre dernière chance de ne pas renoncer au saut de classe que l'on propose à Thomas. J'ai joint son dossier scolaire. Dès le lendemain, la directrice m'appelle : « Chère Madame, nous avons bien eu votre courrier. Je ne peux pas vous recevoir ces jours-ci, nous sommes débordés par l'organisation du brevet des collèges. Mais j'ai voulu vous appeler dès aujourd'hui pour vous rassurer : soyez tout à fait tranquille, nous prendrons Thomas en septembre. C'est vrai, en principe, nous n'avons plus de place. Mais on ne va pas vous laisser sans solution, vous pouvez dire à Thomas que nous nous réjouissons de le compter parmi nos élèves l'année prochaine. Nous nous verrons début juin pour tout organiser et d'ici là, je vous souhaite de bonnes vacances. »

Après la dizaine de refus que je viens d'essuyer, l'horizon s'éclaire. Thomas va pouvoir entrer en sixième. Enfin, quelqu'un s'est intéressé à l'enfant et à l'élève qu'il est, pas seulement à son fauteuil, à sa fragilité, aux complications que son handicap entraîne, à la charge qu'il représente. Blanche, aujourd'hui, a un avant-goût de paradis. Et je remarque que tous les établissements publics de la ville ont refusé Thomas, et que c'est un établissement privé, et catholique, qui l'accueille ainsi, alors qu'il n'en avait, juridiquement, pas l'obligation – contrairement aux collèges publics.

L'espace d'un instant, la possibilité d'étudier à nouveau la piste d'un établissement « spécialisé » pour élèves handicapés m'a traversé l'esprit, si aucun collège « normal » n'acceptait Thomas. Ce type d'établissement serait adapté à son infirmité, mais pas du tout à ses appétits intellectuels de plus en plus exigeants. Pourtant, cela a bien failli être la seule solution. La voie usuelle, apparemment, consiste à orienter les enfants handicapés en fonction de leurs déficiences sans tenir compte de leurs talents. Cela me semble scandaleux.

L'article 26 de la Déclaration universelle des droits de l'homme affirme que le droit à l'éducation est fondamental[1]. L'instruction, au-delà de l'épanouissement qu'elle peut lui procurer, permet à un enfant de devenir un adulte et un citoyen éclairé, responsable, autonome dans ses choix. La connaissance, c'est la liberté. Thomas ne peut pas voyager, ni même se déplacer beaucoup. Il découvre le monde dans les livres. Plus encore qu'un enfant valide, il a un besoin vital d'aller à l'école : elle lui permet d'acquérir son autonomie de demain. C'est le seul moyen, pour lui, de comprendre et d'appréhender le monde qui l'entoure, qui par bien des

1. « Toute personne a droit à l'éducation. [...] L'éducation doit viser au plein épanouissement de la personnalité humaine et au renforcement du respect des droits de l'homme et des libertés fondamentales. [...] Les parents ont, par priorité, le droit de choisir le genre d'éducation à donner à leurs enfants. »

aspects lui échappe, et de s'y insérer. Permettre aux enfants handicapés de faire des études, ce n'est pas de la charité, c'est une obligation morale de notre société. Et bien souvent, elle la contourne, ajoutant au handicap une dépendance sociale et intellectuelle, transformant des malades en assistés. C'est indigne du monde moderne et civilisé dans lequel nous prétendons vivre.

Un nouveau fauteuil

Le fauteuil électrique que nous avons acheté il y a deux ans ne convient déjà plus. Les coussins réduisent les dimensions de l'assise et la rendent trop petite. Les repose-jambes et le dossier permettent une position semi-allongée qui est celle que Thomas adopte la plupart du temps, mais ils sont fixes. Il faudrait qu'au cours de la journée, et notamment au moment des transferts durant lesquels nous l'installons dans son fauteuil ou l'en sortons, Thomas puisse modifier cette position. Ces transferts, d'ailleurs, restent un geste compliqué. Je ne parviens pas à les réaliser seule et dois donc, deux fois par jour, solliciter une aide extérieure. Paul est en général au bureau aux heures de ces manipulations. Quand Pierre n'est pas à l'école, c'est lui, du haut de ses huit ans, qui m'aide. Le reste du temps, j'appelle à la rescousse les grands-parents de Thomas, qui, quand ils ne travaillent pas, font un aller-retour exprès depuis chez eux, ou bien un voisin, ou encore la gardienne de l'immeuble. Cela ne peut pas durer : il nous faut un lève-personne adapté. J'en ai déjà un, en location, d'un modèle standard. Je l'ai utilisé quatre fois : à chaque tentative, un fémur de Thomas s'est cassé. La sangle qui le porte, en position assise, tire trop sur ses jambes. Il me faut un modèle qui me permette de le porter en position allongée.

Thomas grandit et, pour le garder à la maison, notre volonté, notre énergie, notre force physique, notre dévouement, si radicaux soient-ils, ne suffisent plus. Il faut se faire aider, s'équiper de matériel adapté et aménager notre logement. Si l'équilibre affectif de Thomas et son épanouissement intellectuel sont nos vrais objectifs, nous devons avant toute chose nous assurer de son bien-être physique, préalable à tout le reste. Car Thomas a un corps malade, et si nous négligeons les soins dont il a besoin, l'inconfort lui interdira toute sérénité.

Sans même tenir compte des fractures fréquentes et des douleurs incessantes que Thomas supporte, la situation est simple : sans intervention extérieure, il est allongé sur le dos et ne peut rien faire. Rien : ni manger, ni boire, ni changer de position ou attraper un objet, encore moins se laver. Si nous voulons qu'il vive dans un confort minimal, il faut assurer tous ces soins. Si nous voulons qu'il puisse avoir une vie sociale, qu'il aille en cours, qu'il fasse des études, il lui faut des équipements lui permettant de circuler chez nous et à l'extérieur. Il est donc impératif, vital, qu'il puisse avoir un fauteuil roulant, dont les aménagements ne sont pas un luxe mais bien une nécessité médicale. Il faut un lève-personne permettant de le porter en tenant compte de sa fragilité. Il faut du matériel spécifique pour qu'il puisse utiliser la baignoire. Il faut faire transformer une voiture pour que son fauteuil électrique puisse y accéder. Tout ce matériel très spécialisé, parfois réalisé sur mesure, a évidemment un coût élevé. Et bien qu'il s'agisse d'un matériel médical absolument indispensable, au même titre que peuvent l'être des médicaments ou une intervention chirurgicale, la Sécurité sociale ne le prend pas en charge ou ne le fait que de manière très partielle.

Avec l'aide des techniciennes de l'Association française contre les myopathies[1], je détermine

1. À l'époque, on suspecte chez Thomas une atteinte neuromusculaire associée à sa fragilité osseuse. Les médecins nous orientent donc vers cette association qui soutient avec une grande efficacité les malades et leurs familles.

précisément le matériel nécessaire et fais établir des devis. Le fauteuil roulant qui correspond aux besoins de Thomas coûte près de vingt-deux mille euros. Le remboursement de la Sécurité sociale, réglé directement au fournisseur après accord préalable, est de moins de quatre mille euros. Encore faut-il que nous obtenions cet accord : en principe, cinq années doivent s'écouler entre deux achats de fauteuils roulants. Le lève-personne, lui, coûte un peu plus de six mille euros. La Sécurité sociale, pour une raison mystérieuse, ne prend en charge que la location de ce type de matériel. Or, à la location, on ne trouve que le modèle standard qui casse les fémurs de Thomas : si nous voulons un modèle plus adapté, nous sommes obligés de l'acheter à nos frais. Le « reste à charge », pour l'achat du fauteuil et du lève-personne, s'élève donc à plus de vingt-quatre mille euros. Une grande partie de cette somme peut être financée par des tiers comme le Conseil général, les mutuelles ou diverses associations, mais ne le sera qu'à la suite de démarches très lourdes et procédurières, qui vont durer de nombreux mois, et ne fera le plus souvent pas l'objet de « tiers payant » : les personnes handicapées ou leurs familles sont supposées avancer pendant des semaines, parfois des mois, des montants de cet ordre, et ne l'évitent que quand elles ont la chance d'acheter ce type de matériel à des fournisseurs compréhensifs qui acceptent de différer l'encaissement des paiements. Et tout est à l'avenant.

Les Maisons départementales des personnes handicapées (MDPH), instituées par la loi de 2005, ont vocation à être les « guichets uniques » auxquels les personnes handicapées s'adressent afin d'obtenir les compensations nécessaires à leur infirmité. Ce sont elles, par exemple, qui décident de l'attribution d'auxiliaires de vie scolaire. Ce sont elles aussi qui évaluent les aides financières à apporter pour les achats de matériel, les travaux d'aménagement, l'embauche de personnel, et plus généralement tous les frais occasionnés par le handicap. De fait, elles sont donc des interlocuteurs réguliers. Heureusement que ces maisons existent… et combien pourtant je souhaiterais voir leur fonctionnement s'améliorer !

La procédure est longue et compliquée. Outre le formulaire « unique » de huit pages, qu'il faut remplir à chaque demande, la quantité de pièces à produire pour chaque dossier est très importante, la plupart étant d'ailleurs les mêmes d'une fois sur l'autre : au moins une fois par an, j'envoie une multitude de justificatifs d'identité, de domicile, de situation familiale, qui n'ont aucune raison d'être devenus caducs depuis l'année précédente. À la même fréquence, je fais établir par un médecin hospitalier le certificat réglementaire, fort long et détaillé, qui atteste que l'état de santé de Thomas ne s'est pas amélioré depuis la fois précédente. Or mon fils est atteint d'une maladie génétique grave, incurable, et son handicap, sauf miracle, ne s'atténuera pas... Pour acheter du matériel, comme un fauteuil roulant, il faut aussi des argumentaires de divers spécialistes pour justifier que cela correspond à un besoin réel de Thomas. Qui donc envisagerait de tels achats sans nécessité ? Nous devons aussi rédiger pour lui un « projet de vie ». À quel titre moral ou juridique l'administration prétend-elle porter un jugement sur le projet de vie de quelqu'un en vue de lui attribuer ou non des aides médicales indispensables ? Je comprends que les MDPH cherchent à éviter d'éventuels abus ; mais la façon dont elles procèdent donne l'impression que le système s'adresse aux fraudeurs et non à des familles éprouvées qui demandent à juste titre les aides prévues pour leur situation. Réunir si souvent tous ces documents est long et fastidieux, et le caractère soupçonneux de l'administration me paraît insupportable.

Une fois le dossier déposé, il faut attendre neuf mois, en moyenne, la réponse de la MDPH. Les devis fournis doivent être valables suffisamment longtemps, car c'est seulement après cette réponse que nous sommes autorisés à commander les équipements souhaités. Comme il s'agit souvent de matériel spécifique, fabriqué en très petites séries ou même sur mesure, plusieurs mois peuvent encore s'écouler avant qu'il soit livré. En tout, il faut donc compter plus d'un an pour recevoir un nouveau fauteuil – et encore quelques mois de plus pour qu'il soit presque entièrement financé. Comment fait-on quand un fauteuil tombe en panne ou que l'évolution parfois brutale de l'état de santé de son propriétaire ne lui permet plus de l'utiliser ? Ce dernier reste au lit, cloîtré dans sa chambre, en attendant que les institutions évaluent son droit à le remplacer. Sa vie sociale, professionnelle, culturelle s'interrompt. Quelle étrange distorsion entre les délais de la maladie, ceux de la vie quotidienne et ceux de l'administration…

La complexité de la procédure et la durée de traitement ne sont pas le seul problème. Quand elle nous parvient des mois plus tard, la réponse de la MDPH n'est pas entièrement favorable : pour le fauteuil de Thomas, elle ne prévoit qu'un financement partiel, laissant à notre charge plusieurs milliers d'euros, et me suggère de demander une contribution à diverses associations caritatives, mais aussi à son école ou à ses camarades. Cette démarche m'humilie : que l'institution elle-même incite les personnes handicapées à tendre leur sébile autour d'elles pour s'équiper d'un fauteuil indispensable à leur vie quotidienne, les renvoyant à un statut de mendiants infirmes, me paraît déplacé et révoltant. Le rôle de la MDPH est précisément de nous épargner cette honte.

Les délais et l'incertitude d'obtenir les financements nous exposent à une insécurité permanente. Cette insécurité est encore plus difficile à supporter pour des familles moins aisées que la nôtre. Elle peut être un frein majeur à la possibilité de garder à la maison un enfant malade. La crainte de ne pas pouvoir acheter le matériel, aménager le logement, ou embaucher des aides, que le fonctionnement du système entretient au lieu de la combattre, peut influencer les décisions des parents et étayer les arguments de ceux qui les pressent d'installer leur enfant dans une structure spécialisée, qui ne lui offrira pourtant pas les mêmes perspectives – et qui, soit dit au passage, coûtera bien plus cher à la collectivité. Le même Thomas, avec le même handicap, la même intelligence, la même volonté, mais né dans une famille plus précaire, n'aurait peut-être pas pu entrer à Normale Sup'. Et cela, c'est une injustice scandaleuse sur laquelle il serait bon que les hommes politiques, l'administration et la société dans son ensemble s'interrogent avec honnêteté et lucidité.

Erreur de casting

En septembre, Thomas fait sa rentrée au collège Blanche de Castille, « le meilleur collège du monde » à ses yeux. La directrice qui m'a appelée au printemps dernier ne s'est pas contentée de lui ouvrir la porte : son arrivée a été soigneusement préparée avec l'équipe enseignante. Les classes de sixième sont au dernier étage et dès avant les vacances d'été, on a remis à Thomas la clé de l'ascenseur. Il sera en « 6e A » : cette classe occupe la première salle du couloir, il n'aura pas beaucoup de distance à parcourir pour y accéder. Dans la classe, tout a été minutieusement prévu. Avec les professeurs, nous avons choisi la place de Thomas dans la pièce et l'orientation de sa table par rapport au tableau. Les techniciens du collège ont même posé dans le mur le plus proche une prise électrique afin qu'il puisse brancher son ordinateur. J'ai rencontré longuement son professeur principal et elle accueille Thomas avec une humanité rare.

Une nouvelle auxiliaire de vie a été nommée par l'Inspection pour l'accompagner. Dès la rentrée, je sens que sa fonction ne lui convient pas vraiment. Elle est claustrophobe et craint de monter dans l'ascenseur avec Thomas. Elle refuse de porter son cartable car elle souffre du dos. Thomas utilise un ordinateur en classe pour copier une partie des cours et l'AVS est chargée de prendre des notes manuscrites pour compléter. Thomas me montre ses cahiers. Elle est probablement dyslexique : il y a au moins une faute par mot. À Blanche, les élèves étudient deux langues vivantes dès la sixième. Dans les cahiers d'anglais et d'allemand, l'orthographe est massacrée. Comment Thomas peut-il les utiliser pour apprendre des listes de vocabulaire ? Les premiers jours, je corrige les fautes, de manière discrète pour ne pas froisser l'auxiliaire de vie. Mais je me rends vite compte que je ne vais pas, matériellement, pouvoir relire et recopier chaque soir des pages entières de notes mal prises. Je change de stratégie et corrige les fautes en rouge pour attirer l'attention de l'AVS et l'inciter à un effort. Peine perdue : elle ne se vexe pas de mes ratures ostensibles, mais les cahiers arrivent toujours truffés d'erreurs. Thomas ne peut pas passer toute son année de sixième dans ces conditions. Je montre les cahiers à la directrice qui s'en émeut et alerte l'enseignante référente qui a affecté cette AVS auprès de Thomas.

Un soir, Thomas, qui est si fier de son saut de classe, rentre en larmes : il va redoubler, me dit-il. L'année commence tout juste, il n'a pas encore eu de note, ni bonne ni mauvaise, et ses devoirs, jusqu'ici, ne lui ont pas posé la moindre difficulté. Il n'y a aucune raison qu'il redouble, ni qu'il craigne d'y être obligé. « Mais je ne vois pas le tableau ! Je vais redoubler ! » Comment se fait-il qu'il ne voie pas le tableau ? Nous avions pourtant tout organisé pour qu'il soit bien installé. Le lendemain matin, sous prétexte de porter le cartable de Thomas pour soulager le dos de l'AVS qui, elle, s'obstine à le traîner au sol sans le soulever, je monte dans la classe et je comprends : elle a complètement modifié nos aménagements. Elle occupe la place de Thomas, bien en face du tableau. Lui, il est assis contre le mur. Son corset l'empêche de se tourner et de fait, il lui est impossible de voir le tableau.

Je prends à part l'auxiliaire de vie pour lui demander pourquoi elle a ainsi réorganisé l'espace. Elle m'explique qu'elle a peur de l'électricité. Dans la configuration initiale, les câbles de l'ordinateur passaient devant son bureau, c'est dangereux. Elle a donc interverti la place de Thomas et la sienne.

Le professeur principal fait rétablir l'agencement initial et me confie qu'elle a l'impression que l'AVS ne met pas beaucoup de bonne volonté dans sa tâche. Je partage ce sentiment. Entre l'ascenseur qu'elle ne veut pas prendre, le cartable qu'elle ne veut pas porter, l'électricité qui lui fait peur et les cahiers qui ne ressemblent à rien, cela commence à faire beaucoup.

À mon tour, je téléphone à l'enseignante référente. Je lui ai envoyé par mail, juste avant de l'appeler, des copies des pages des cahiers de Thomas. Elle est consternée. Lors de son entretien d'embauche, l'AVS a fait état de diplômes de très bon niveau et a exigé d'accompagner un élève handicapé dans le secondaire plutôt qu'en maternelle ou en primaire : « je ne suis pas là pour changer des couches », a-t-elle dit. Madame O. l'a affectée à Thomas parce qu'elle était convaincue que cette personne était, parmi ses recrues, l'une des plus aptes à prendre en note les cours. Elle me promet une intervention rapide et raccroche. Dès le lendemain, c'est un jeune homme, Benoît, qui se présente au collège. Il a dix-huit ans, vient d'avoir son baccalauréat et compte préparer le concours de Sciences Po tout en accompagnant Thomas. C'est un garçon cultivé et un très grand lecteur, et Thomas va passer une excellente année en sa compagnie. Madame O. a pris la décision qui s'imposait et l'a mise en application immédiatement. Elle a été d'une efficacité parfaite.

Je m'interroge tout de même. Comment cette AVS, comment Amélie, qui a si mal traité Thomas à l'école maternelle, ont-elles pu être affectées auprès de lui ? Sur quels critères l'administration recrute-t-elle les auxiliaires de vie scolaire ? S'occuper d'un enfant est une responsabilité. S'il est handicapé et donc vulnérable, elle est encore plus lourde. La fonction nécessite compétence, délicatesse et motivation. La tâche est digne et exigeante. Ceux qui l'accomplissent méritent un vrai salaire et un vrai statut : il est aussi légitime de leur demander une vraie qualification.

Un Noël à l'Élysée

L'arbre de Noël de l'Élysée rassemble chaque hiver les enfants du personnel et certains enfants que leur situation sociale ou géographique fait considérer comme défavorisés. Cette année, le professeur Munnich, éminent pédiatre spécialiste des maladies génétiques, conseiller du Président de la République pour les questions de santé, a suggéré à Nicolas Sarkozy d'inviter des enfants malades. L'Association de l'ostéogenèse imparfaite dispose d'une invitation et la secrétaire a la gentillesse de me la proposer pour Thomas. J'accepte aussitôt, non sans un peu d'inquiétude quand elle m'annonce le programme : les enfants doivent se rassembler à proximité de l'Élysée, pour être conduits en autocar au théâtre Mogador pour un spectacle, puis ramenés dans la salle des fêtes du Palais pour une distribution de cadeaux en présence du Président et de son épouse, suivie d'un goûter. Thomas, avec son fauteuil électrique, ne peut absolument pas prendre l'autocar, je me doute que toutes les places de la salle du théâtre ne sont pas accessibles, et je me demande comment on va pouvoir le protéger dans la cohue des huit cents enfants attendus…

Je téléphone donc à l'Élysée, où l'on me met en relation avec le service chargé d'organiser l'événement. Une secrétaire note mes questions et m'assure que je vais être rappelée. J'ai l'habitude de ce genre de promesses de la part des services administratifs avec lesquels je suis si souvent en contact, et elles sont rarement suivies d'effet. Mais là, c'est bien différent : moins d'une heure plus tard, mon téléphone portable sonne. Le service de sécurité, informé de toutes mes craintes, propose une réponse à chacune d'entre elles : je pourrai me garer dans la rue adjacente au palais de l'Élysée au moment du rassemblement des enfants et garder Thomas dans ma voiture pour l'emmener moi-même au spectacle ; un officier de sécurité nous guidera pour que nous puissions accéder à la rue de Mogador et nous arrêter juste devant le théâtre. Des pompiers escorteront Thomas dans la salle le temps que je gare la voiture, le retour à l'Élysée se fera dans les mêmes conditions, et d'autres agents nous accompagneront, Thomas et moi, dans la salle des fêtes, pour éviter toute bousculade. Tout est si compliqué d'ordinaire que je suis débordante de reconnaissance à l'idée de tout ce que ces personnes sont prêtes à mettre en œuvre pour que Thomas puisse profiter comme les autres enfants de cette belle après-midi qui s'annonce.

Je n'ai rien dit à Thomas : je sais qu'il va recevoir une invitation par la Poste et j'ai envie de lui laisser la surprise. Le courrier arrive un mercredi matin, je le lui apporte en allant le chercher à la sortie de ses cours. Le carton est rédigé de la manière la plus traditionnelle qui soit : « Monsieur le Président de la République et Madame Carla Sarkozy prient Thomas Mordant de leur faire l'honneur d'assister... » Les cris de joie de Thomas font sursauter la secrétaire du collège, qui travaille dans un bureau tout proche. Je fais remarquer à mon grand garçon que la date et l'heure de la réception vont l'obliger à manquer quelques cours et il se rend sur-le-champ dans le bureau de la directrice pour demander l'autorisation de s'absenter une demi-journée, autorisation qui lui est évidemment accordée aussitôt, tant sa joie est communicative.

Dans les jours qui précèdent la fête, j'achète quelques magazines : Thomas est très impatient de rencontrer le Président, mais en réalité il ne s'intéresse guère à l'actualité et encore moins aux personnalités. Je ne suis pas sûre qu'il soit capable de reconnaître Nicolas Sarkozy, mais en cette période qui suit de peu le mariage de ce dernier avec Carla, il est facile de trouver dans les journaux de nombreuses photos du couple. Thomas prépare donc sa visite en s'assurant d'être capable de les identifier, et cela a une conséquence qui m'inquiète un peu : il n'a plus qu'une idée en tête, les rencontrer personnellement. Or, je sais bien que les enfants invités sont très nombreux et que le couple ne fera vraisemblablement qu'une apparition rapide dans la foule. J'ai donc peur que Thomas ne soit déçu.

Le jour même, l'organisation s'avère d'une efficacité parfaite. Tout se met en place comme on me l'a annoncé au téléphone. Pour la plus grande joie de Thomas, à titre tout à fait exceptionnel, une escorte de motards nous ouvre la route pour arriver au théâtre aussi rapidement que les autocars qui transportent ses camarades. L'officier de sécurité présent dans ma voiture me fait prendre les sens interdits en m'assurant une impunité totale, la rue de Mogador est fermée à la circulation, seule ma voiture peut y accéder afin que je dépose Thomas juste devant le théâtre. Les pompiers l'y accueillent et lui tiennent compagnie dans la foule pendant que je me gare, puis nous assistons au spectacle. Il s'adresse à de jeunes enfants et Thomas, s'il est content, ne s'enthousiasme pas outre mesure pour le Roi Lion ou Bob l'Éponge. Lui, comme il l'a expliqué pendant le trajet à l'officier, il est là pour rencontrer le Président. Il attend donc ce moment. Son espoir a été entendu : l'officier, touché par Thomas et son désir si intense, a décidé de forcer un peu le destin.

Nous revenons à l'Élysée, nous garons dans la cour d'honneur, suivis de près par la voiture présidentielle dont sort Nicolas Sarkozy qui, fidèle à son image d'homme énergique, entre en trombe dans le Palais. L'agent qui nous accompagne nous presse : si Thomas veut le voir, il faut se frayer aussi vite que possible un passage dans la foule des enfants surexcités. Je tremble : comment éviter toute bousculade à Thomas dans une telle cohue ? Mais le service de sécurité a tout prévu : ce n'est plus un, mais quatre ou cinq agents qui nous sont dédiés pour ouvrir la voie à Thomas. Sous bonne escorte, il fonce dans son fauteuil roulant électrique, pendant que le responsable essaie de l'orienter vers le couple présidentiel, repérable de loin aux perches des micros et des caméras qui le surplombent. Il va si vite, avec ceux qui l'entourent, que je suis distancée. Je suis à plusieurs mètres de lui quand il se retrouve, brusquement, face à face avec Nicolas Sarkozy. Je vois ses yeux s'agrandir sous le coup de la surprise et, comme je le sais timide et émotif, j'ai peur qu'il ne fonde en larmes. Mais quand je les rejoins quelques instants plus tard, le Président et son épouse sont penchés sur son fauteuil, tous les deux rient aux éclats, Thomas sourit, et les gardes du corps qui entourent le Président peinent à cacher leur amusement. Il faudra le récit que m'en fera Thomas, des éléments saisis par la radio, que j'entendrai le lendemain, et des photos trouvées dans la presse, pour que je reconstitue la scène :

– Bonjour, comment t'appelles-tu ?

– Je m'appelle Thomas.

– Et quel âge as-tu ?

– J'ai dix ans.

À ce moment, le Président désigne son épouse : « Thomas, je te présente Carla. »

Une photo montre Thomas se dévissant le cou, qui à l'époque n'est pas encore entièrement immobilisé dans son corset, pour observer avec attention la fort jolie Madame Sarkozy. Il se remémore les portraits qu'il a regardés avec moi : « Vous avez changé de couleur de cheveux ! »

Alors que l'épouse du Président sourit mais s'en défend, admettant tout au plus une légère modification de sa coupe de cheveux, une nouvelle frange, Nicolas Sarkozy éclate de rire : « Mais oui, elle a changé de coiffure, Carla, tu as remarqué ! Moi aussi je lui ai dit ! Qu'est-ce que tu en penses, est-ce que ça te plaît ? »

L'échange n'ira guère plus loin mais Thomas est ravi. Sur une autre photo, on le voit esquisser un sourire malicieux pendant que tous autour de lui rient à gorge déployée. Il va ensuite faire un goûter gargantuesque sous les ors de la salle des fêtes, et recevoir un très beau cadeau, dont il ne fera pas grand cas. Il était venu voir le Président, il l'a vu, il a parlé avec lui, et c'est tout ce qui compte pour lui. Quant à moi, je suis estomaquée : du haut de ses dix ans, du fond de son fauteuil, avec un aplomb incroyable dont je ne le soupçonnais pas capable, il a transformé ce qui aurait dû n'être qu'un dialogue convenu entre le Président et un enfant malade invité par charité en une franche partie de rire. Il a amené Nicolas Sarkozy et sa femme à se pencher sur lui, à le regarder et à l'écouter, et à le voir autrement que comme un pauvre garçon handicapé. S'écartant librement des sentiers battus, il a touché un point sensible chez Nicolas Sarkozy : il n'échappe à personne à quel point ce dernier est fier de sa nouvelle épouse, mais je doute qu'on ose beaucoup aborder le sujet. Thomas, en toute simplicité, en lui parlant en égal, en complice, sans aucun souci des convenances, l'a fait rire et a obtenu, ne serait-ce que l'espace d'un instant, sa pleine et chaleureuse attention.

« Mais je ne suis pas pauvre ! »

Une fois n'est pas coutume, j'ai emmené Thomas faire une course avec moi. Nous faisons la queue pour payer nos achats : Thomas est en forme et je ne vois pas de raison de faire valoir son droit de priorité. Pour être tout à fait honnête, je trouve que les personnes qui nous précèdent pourraient nous céder spontanément leur place. Mais comme aucune n'en manifeste l'intention et que Thomas n'est pas particulièrement fatigué, je ne prends pas le risque d'essuyer un commentaire désagréable.

Une vieille dame, derrière nous, observe Thomas depuis quelques instants. Elle croise mon regard : « le pauvre… » Je lui souris sans répondre : que dire ? Pleine de compassion et de gentillesse, elle ajoute : « Est-ce qu'il peut aller un peu à l'école, quand même ? » Thomas tourne son fauteuil vers elle et rétorque vivement : « Mais je ne suis pas pauvre ! Et il ne manquerait plus que je sois bête ! »

En accompagnant mon fils, je découvre combien le regard des autres est souvent pesant, parfois blessant. Quand Thomas circule dans la rue ou fréquente un lieu public, il lui est impossible de ne pas faire l'objet d'une attention particulière, qui va bien au-delà du geste de lui tenir une porte ou de l'indication d'un passage à emprunter. Cela l'agace et je le comprends : n'avoir jamais droit à l'anonymat est fatigant. Cette curiosité est pourtant inévitable : son handicap est visible et impressionnant. Mais elle est fréquemment maladroite. Les regards appuyés, insistants, presque voyeurs, sont évidemment pénibles et choquants. À l'inverse, les personnes qui détournent les yeux, les parents qui font taire en hâte les questions pourtant naturelles qui viennent aux lèvres de leurs enfants nous donnent parfois l'impression que l'état de Thomas serait honteux. Certaines personnes, comme cette vieille dame aujourd'hui, nous abordent. Cette intention de dépasser les apparences et d'entrer dans une forme de relation est certainement louable, mais elle n'est pas toujours bienvenue : il nous arrive d'être pressés et de n'avoir simplement pas le temps de bavarder avec un inconnu – nous avons même le droit, me semble-t-il, de ne pas en avoir envie. Elle n'est pas non plus toujours adaptée. On m'a un jour posé

– devant Thomas – cette question : « Qu'allez-vous en faire ? » Je suis bien incapable d'imaginer quelle réponse on attendait de moi. Quant à ces mots : « le pauvre ! », ils jalonnent notre route. Qui aime être ainsi désigné ? En les entendant aujourd'hui, Thomas a senti à la fois sa dignité et son intelligence mises en cause, et ne l'a pas supporté. Le cri du cœur de ce petit garçon, qui ne peut se passer de son fauteuil, mais déteste lui être si intimement associé qu'on en fait un élément de sa personne, qui ne conçoit pas pouvoir être un objet de pitié, me sert chaque jour de leçon. Thomas sait bien que ses jambes ne le porteront jamais, que son corps lui fait défaut. Mais, par choix ou par chance, il est ailleurs, et là où il est, sans aucun doute possible, il n'est pas pauvre.

À Paul et moi, on adresse plutôt d'étranges félicitations : « Vous êtes courageux », « Je ne sais pas comment vous faites, à votre place, on ne pourrait pas… » Courageux ? Si vous saviez combien de fois nous avons pleuré, désespéré ou tempêté contre le sort ou le monde ! Vous ne pourriez pas ? Mais avons-nous le choix ? Si l'intention est certainement d'exprimer compassion, sympathie et, peut-être, une forme d'admiration qui se veut encourageante, en vérité, cette phrase dit bien autre chose : elle dit l'incompréhension de ce que nous vivons, le sentiment que c'est insurmontable, la crainte de se trouver dans notre situation. Elle sous-entend aussi cette idée incongrue : la possibilité d'une échappatoire, celle de l'impuissance. Or, jamais je n'ai envisagé cette alternative : « ne pas pouvoir ». Thomas est mon enfant et je l'aime : la question des limites de mes forces ne se pose donc pas. Et moi qui me croyais fragile, je me suis découvert des ressources insoupçonnées, que chacun d'entre nous possède probablement, mais que beaucoup ignorent parce qu'ils n'ont pas besoin de les exploiter. Je ne sais pas ce que l'avenir nous réserve, mais j'espère, quoi qu'il arrive, que je serai capable d'y faire face. Je crois que beaucoup de parents d'enfants handicapés partagent cette conception de la charge qu'il nous incombe de porter, bien différente de ce que nous renvoie le regard des autres. C'est sans doute cela qui me fait me sentir très proche d'eux, même si je les connais à peine, même si les infirmités de nos enfants et leurs conséquences n'ont *a priori* rien de commun : nous sommes portés par l'amour que nous éprouvons pour eux, que nous avons découvert absolu, inconditionnel et empreint d'un immense respect pour l'être humain différent, blessé, qui nous est confié. En cet amour, nous puisons nos forces, et nous savons d'instinct cette ressource inépuisable.

Notre vie quotidienne avec Thomas reste néanmoins hermétique à beaucoup. Notre histoire s'éloigne chaque jour de l'expérience commune et nous isole toujours davantage : nos confidences sont peut-être incompréhensibles – ou bien insupportables. Le malheur ne se partage pas. La maladie et la douleur d'un enfant, la souffrance de ses parents sont un scandale. Et ce qui fait scandale, on évite de l'approcher.

Ce scandale pourtant, c'est notre lot. On ne peut vivre éternellement dans le désespoir et la révolte : il a bien fallu, au fil des années, nous en accommoder. Cela a été long, difficile, il y a eu des périodes plus paisibles, suivies d'autres plus noires. Et nous avons fait cette découverte inespérée : malgré une telle épreuve, peut-être grâce à elle, en tout cas avec elle, nous sommes heureux. Certes, nos contraintes sont innombrables, nous ne disposons ni de notre temps ni de nos forces, tout entiers consacrés à Thomas. Nous ne le confions presque à personne, nous sortons très peu, nous ne voyageons pas. J'ai renoncé à travailler, je ne fais pas la carrière qu'auraient pu me laisser espérer mes études, et Paul a dû décliner certaines propositions professionnelles qui l'auraient obligé à trop de déplacements. Bien des plaisirs nous sont interdits : nous ne pouvons choisir librement un logement, une voiture, ou même une distraction, la plupart d'entre eux étant inaccessibles pour Thomas. Nos photos de famille n'ont rien de conventionnel. Nous ne présentons guère à la face du monde ces signes de succès, de richesse, de santé, de beauté, de jeunesse, que beaucoup identifient à l'essence même du bonheur et à la réussite d'une vie. On nous plaint et pourtant je l'affirme : nous sommes heureux et notre vie est réussie. Les liens d'affection et d'amour qui nous attachent les uns aux autres et à Thomas, la joie rayonnante qui illumine tout son être et qui fait le ciment de notre famille sont des trésors bien plus précieux que les satisfactions superficielles que je viens d'évoquer. Ils nous ont été donnés alors même que nous ne les imaginions pas, et rien ne pourra nous retirer la force qu'ils nous procurent. Non, nous ne sommes pas pauvres.

Dans les coulisses de l'Opéra

C'est un événement : pour la première fois, nous emmenons les enfants à l'Opéra. Thomas est passionné de musique, il en est un connaisseur et amateur plus qu'éclairé. Il a commencé à apprendre le piano tout petit, mais très vite ses mains et ses bras n'ont plus eu la force et la dextérité suffisantes pour jouer. Son professeur a eu l'idée lumineuse de lui faire poursuivre sa formation musicale par des cours de solfège et de musicologie à un niveau très élevé : à défaut d'interpréter la musique, il pourra en apprécier la beauté dans ses moindres détails. Un de ses passe-temps préférés consiste à consulter de complexes partitions d'orchestre qu'il télécharge sur sa tablette : les lire lui suffit à entendre la musique dans sa tête, et il la fredonne souvent, pour notre plus grand plaisir. Il écoute aussi avidement des opéras en disque ou en vidéo, utilisant sans retenue les moyens techniques modernes. Thomas aime

Rossini dont il qualifie le style gai et sautillant de « musique en bonne santé » – troublante analogie dans la bouche d'un enfant malade – et, plus que tout autre compositeur, Mozart. Pour cette première sortie à l'Opéra, nous allons assister à une représentation d'*Idoménée* à l'Opéra Garnier. Ce n'est pas l'œuvre la plus abordable de Mozart, mais c'est la seule proposée cette saison. Le vieil Opéra Garnier est moins praticable et accessible que la salle de l'Opéra Bastille, mais ses ors et ses tentures pourpres en font à mes yeux un écrin parfait pour une représentation d'opéra : je ne voulais pas que les enfants assistent à leur premier spectacle dans un autre lieu. Les places sont réservées depuis longtemps et nous avons une liste d'indications pour permettre à Thomas d'arriver jusqu'à la loge dans son fauteuil.

L'Opéra est en travaux pour aménager la circulation des personnes handicapées. Dans quelques années, les spectateurs en fauteuil roulant pourront accéder à la salle par le sous-sol, en utilisant le somptueux ascenseur construit pour l'Aga Khan au début du XXe siècle, restauré et réhabilité à leur seule intention. Pour l'instant, ils sont invités à emprunter l'entrée des artistes, moins fastueuse, mais tout aussi pittoresque. Il n'y a pas d'ascenseur : des plans inclinés en bois de la largeur d'un fauteuil roulant ont été installés directement sur les escaliers. Leur pente est très raide, bien plus que ce que peut normalement monter un fauteuil électrique. Celui de Thomas pèse près de deux cents kilos, et Paul et moi craignons qu'il ne bascule : nous nous mettons en place tous les deux derrière lui, à quelques centimètres du dossier, prêts à peser de tout notre poids s'il se déséquilibre, sans être absolument sûrs que cela suffise. Cette sortie à l'Opéra, comme tant d'autres, prend pour nous deux des airs de parcours sportif teinté d'une épreuve nerveuse. Mais pour nous encourager, nous entendons des vocalises qui nous parviennent des coulisses toutes proches, et nous promettons de mettre à profit cette proximité avec les loges des artistes à la fin du spectacle. Nous parvenons à nos places, tentons tant bien que mal d'installer Thomas de telle manière qu'il ait le point de vue le plus complet possible sur la scène, sans gêner ses voisins, et sans risquer d'être bousculé. Cela aussi tient du casse-tête, et mes appréhensions m'empêchent de profiter pleinement du spectacle. Ce n'est pas le cas de Thomas qui, très concentré, écoute attentivement l'ensemble de cet opéra compliqué, qui dure trois heures et demie. Il n'est pas très loquace à l'entracte, ni très expressif. Même s'il aime ce qu'il entend et ce qu'il voit, la longueur du spectacle, la promiscuité de ses voisins, la chaleur qui règne dans la loge sont pour lui une épreuve physique.

À la sortie, nous nous rapprochons des coulisses. Mireille Delunsch, la soprano qui a interprété le rôle d'Elettra, invite Thomas dans sa loge. Le couloir qui permet d'y accéder est étroit et forme un coude : le fauteuil de Thomas se bloque, il ne peut plus avancer. Il rebrousse chemin en marche arrière, et elle nous reçoit dans le couloir principal qui dessert aussi les autres loges. Après l'avoir félicitée comme il se doit, Thomas l'interroge sur les différents airs qu'elle vient de chanter. L'*aria* lyrique et émouvante du deuxième acte est-elle plus facile à interpréter que les vocalises furieuses du troisième acte ? Peut-être, en l'accueillant dans son costume de scène, pensait-elle simplement faire plaisir à un petit garçon handicapé : elle se retrouve à parler technique vocale, souffle et virtuosité avec un spectateur averti qui connaît par cœur toute la partition de l'œuvre. Un homme passe en courant avec une poussette, transportant un bébé qui s'époumone : Mireille Delunsch rit et explique à Thomas qu'il s'agit du nourrisson de la cantatrice qui chantait le rôle d'Ilia, la jeune première de l'opéra. Elle l'allaite et on lui amène son bébé qui, manifestement, a grand faim. À la toute fin de l'opéra, Ilia a pu épouser son prince. Thomas, malicieux, s'étonne de la rapidité avec laquelle elle a eu un bébé ! Dans le couloir, il bavarde aussi avec la célèbre mezzo-soprano Joyce DiDonato, qui nous a éblouis dans le rôle d'Idamante. Elle ne parle pas un mot de français et Thomas est tout heureux de faire montre de ses connaissances en anglais. Avec beaucoup de bonne grâce, elle pose avec lui pour une photo, et lui dédicace avec humour le programme du spectacle.

Nouvelle épreuve

Dès les premiers mois de sixième, les professeurs de Thomas constatent que le saut de CM2 n'a pas suffi à combler son avance. Il assimile le contenu d'un cours d'une heure dans les cinq premières minutes. Ensuite, il joue aux cartes sur son ordinateur. Parfois, il oublie de couper le son : des marches triomphales accompagnent ses victoires, à la grande joie de ses camarades. À la fin du premier trimestre, il est premier de sa classe, mais aussi de l'ensemble des deux cent soixante élèves du niveau. Le conseil de classe propose qu'il accélère à nouveau et passe dès l'année suivante en quatrième. Je ne m'y attendais pas, mais je vois Thomas tout fier et épanoui de ses succès, très volontaire, et l'équipe enseignante unanime. Cela se décide donc très vite et s'organise sans difficulté. À la fin de l'année scolaire, Benoît reprend le cours de ses études et c'est une nouvelle auxiliaire de vie scolaire, Sophie, qui est affectée à Thomas.

Elle a quitté un poste d'enseignante pour élever ses quatre enfants et ne l'a pas retrouvé lorsque sa plus jeune fille est entrée à l'école. Elle a besoin et envie de travailler, assister un enfant handicapé est une manière de reprendre contact avec la vie professionnelle. Sa première rencontre avec Thomas s'achève sur un sourire rayonnant et cette phrase : « Une nouvelle aventure commence ! » Quel bonheur de confier mon fils à quelqu'un qui manifeste un tel enthousiasme !

Comme chaque année, nous passons le mois d'août à Kerpape. C'est là que la maladie se rappelle à nous de manière inattendue et brutale. Depuis dix ans, elle n'a pas évolué comme les médecins l'avaient pronostiqué : Thomas n'a jamais marché et au contraire, sans que quiconque comprenne bien pourquoi, il a perdu au fil du temps les modestes facultés motrices qu'il était parvenu à acquérir. Malgré des perfusions régulières de médicaments destinés à diminuer son ostéoporose et ses douleurs, ses os ont continué de se casser sans arrêt. Non seulement la forme de fragilité dont il souffre est beaucoup plus sévère que ce qu'on nous avait annoncé, mais sa maladie n'est même pas clairement identifiée et ses assauts sont imprévisibles. Cette maladie, plus encore que le handicap qui en découle, c'est notre vrai ennemi. Et la lutte contre elle, si elle n'est pas perdue d'avance, est d'autant plus inégale et compliquée que cet ennemi reste mystérieux.

À Kerpape, Thomas, qui aura bientôt onze ans, perd l'appétit. Les repas deviennent de plus en plus laborieux : il refuse la nourriture, pleure, vomit régulièrement. Il commence à perdre du poids et son moral est à l'avenant. Nous croyons d'abord à un passage dépressif. Son handicap est lourd, les douleurs toujours fréquentes et persistantes, son état respiratoire s'est dégradé. Depuis un an et demi, on évoque la possibilité de troubles neuromusculaires en plus de l'atteinte osseuse. De ce fait, Thomas est suivi dans deux services différents, à l'hôpital de Garches et à l'hôpital Necker. Les consultations médicales se sont multipliées tout au long de son année de sixième et les perspectives sont inquiétantes. Dans ce contexte, une baisse de moral serait bien compréhensible. Quoi qu'il en soit, nous ne pouvons rester sans rien faire devant la rapidité de son amaigrissement.

Dès notre retour de Kerpape, avant même la rentrée des classes, puis à plusieurs reprises dans les mois qui suivent, Thomas est hospitalisé pour des séjours plus ou moins longs. Les médecins cherchent la raison pour laquelle il ne peut plus manger et un moyen de le nourrir. Comme nous n'avons toujours pas non plus de diagnostic précis de sa maladie, certains profitent de sa présence à l'hôpital pour tenter de faire avancer la recherche sur ce point. Les examens, plus ou moins invasifs et douloureux, certains sans doute inutiles, parfois en doublon à Garches et à Necker, se succèdent. Cette errance médicale conduit à des tentatives hasardeuses de traitements souvent expérimentaux, systématiquement interrompus quand, au bout de quelques semaines, on s'aperçoit qu'ils ont davantage d'effets indésirables que de bénéfices. Nous avons le sentiment d'une forme de compétition entre les deux hôpitaux. Dans l'immédiat, ma seule préoccupation est de trouver une solution aux difficultés d'alimentation de Thomas : qu'on puisse classer sa maladie dans telle ou telle catégorie, voire identifier le gène défectueux, m'est assez indifférent. En tout cas, ce n'est pas ma priorité. Je vois une forme d'acharnement à effectuer sans répit des examens de toute sorte, qui ne donnent jamais de résultat probant, ni surtout utile pour soigner Thomas. La contrariété s'ajoute à mon inquiétude.

Les semaines et les mois s'écoulent. Thomas continue de perdre du poids, nous enchaînons les hospitalisations en jonglant avec l'emploi du temps scolaire. Car pour Thomas, son année de quatrième passe avant tout le reste. Il ne veut renoncer à aucun cours et exige souvent d'aller directement du collège à l'hôpital et réciproquement sans passer par la maison. Grâce à la mobilisation de ses enseignants, de son AVS Sophie, des professeurs de « Votre École Chez Vous », à aucun moment il ne perd le fil de sa scolarité. Il se tient à jour de ses leçons et de ses devoirs et ne manque aucun contrôle, même s'il doit composer sur un lit d'hôpital. Mais nous n'avons toujours ni explication au fait qu'il ne parvient plus à manger, ni piste de traitement qui lui permettrait de se nourrir à nouveau.

À Noël, la machine s'emballe : quatre ans après l'épisode douloureux qui l'a vu perdre la station assise, les médecins insistent à nouveau pour qu'on installe durablement Thomas à l'hôpital, à Garches. Officiellement pour le soigner, mais on ne me dit pas comment. J'ai l'impression qu'il s'agit surtout de continuer tous ces examens et j'ai peur que Thomas ne devienne un sujet d'expériences et de recherches. Il est si maigre que je crains pour sa vie. Il a perdu un tiers de son poids et est à bout de forces. Le médecin qui le suivait à Garches a accepté un poste aux États-Unis et quitté définitivement la France. Celle qui le remplace, que nous ne connaissons que depuis quelques jours, veut prendre Thomas à demeure dans son service. Elle laisse entendre qu'elle s'occupera de lui mieux que nous ne le faisons à la maison. Elle a une soixantaine d'années et fait partie de cette génération de médecins qui a eu l'habitude de soigner les enfants que leurs parents confiaient à l'hôpital, à une époque où on n'y tolérait que de rares visites. Elle est persuadée de détenir, seule, la capacité de prendre en charge Thomas. Ma présence et mes questions l'agacent et elle ne s'en cache pas. Les temps ont changé : j'ai le droit d'être associée aux décisions qui concernent mon fils. L'idée d'être séparée de Thomas m'a toujours été intolérable, mais jamais je ne refuserais une hospitalisation pour une opération ou pour des soins nécessaires. Il ne s'agit pas de cela : le médecin ne nous propose rien, à part des examens, encore et encore.

Les échanges sont violents. J'insiste pour savoir en quoi tous ces examens peuvent aider Thomas. Sans répondre, elle me reproche mon attitude « palliative » : pour elle, c'est un signe de faiblesse. De fait, depuis dix ans, nous avons vu la maladie et l'état de Thomas évoluer, sans aucune explication médicale. Quand nous avons compris qu'il ne marcherait pas, nous avons, de notre propre chef, acheté un fauteuil roulant. Quand il a perdu la force de le manipuler, nous l'avons équipé d'un fauteuil électrique, que les soignants de Kerpape ont aménagé pour qu'il puisse l'utiliser malgré ses douleurs. Comme il avait mal, nous avons mis en place avec eux le traitement par patchs de morphine. Thomas continue ses séances de kinésithérapie quotidiennes, dont l'objet n'est plus de l'aider à progresser mais seulement de ralentir la perte de ses capacités et de lui conserver un peu de souplesse et de mobilité. Mon beau-père, habile de ses mains, a bricolé toutes sortes d'équipements pour faciliter notre vie quotidienne, notamment le lit à roulettes dans lequel Thomas passe une grande partie de ses journées, mais aussi un petit bureau adapté à son fauteuil roulant, facilement démontable et transportable, ou un pupitre sur lequel on peut fixer son ordinateur pour que Thomas l'utilise quand il est allongé. Grâce à son imagination et à son ingéniosité, nous avons un matériel sur mesure, mieux ajusté aux besoins de Thomas que tout ce que nous aurions pu trouver dans le commerce spécialisé, et confectionné dans de jolis matériaux peints de couleurs gaies choisies par Thomas. Envers et contre tout, la scolarité de Thomas se poursuit, et c'est sa plus grande source de joie.

Oui, nous sommes dans une optique palliative, au sens où nous cherchons en permanence à compenser les effets de la maladie pour permettre à Thomas de vivre le mieux possible. À cet instant encore, c'est tout ce que je souhaite : trouver une solution pour le nourrir, puisqu'il ne peut plus manger normalement. Avons-nous pour autant « baissé les bras », comme ce médecin nous en accuse avec une grande brutalité, parce que la recherche incertaine et lourde d'un diagnostic ne nous intéresse plus guère ? Depuis dix ans, de manière sporadique, au fur et à mesure de l'avancée des connaissances dans le domaine de l'ostéogenèse imparfaite, quelques examens ont été faits. Des cellules de Thomas sont en culture dans différents laboratoires. De temps en temps, on nous téléphone pour nous faire part d'une piste, puis, quelques mois plus tard, on nous rappelle pour nous dire qu'elle n'a finalement pas abouti. Le cas de Thomas résiste. Oui, c'est exact, nous avons renoncé à mettre un nom précis sur la maladie. Est-ce un crime, ou même simplement un tort ? Paul, d'ordinaire si calme, s'emporte contre le médecin : qui est-elle pour nous critiquer, et qu'a fait la médecine, pendant toutes ces années, pour aider Thomas ?

En larmes, je prends conseil auprès des autres médecins de Thomas. Avec sa patience et sa bienveillance habituelles, le docteur F. me rappelle ce que certains de ses confrères oublient parfois, et qui m'échappe aussi à cet instant : la vocation des médecins est d'être utiles à leurs patients. « Nous sommes là pour vous rendre service. Si nos recommandations vous paraissent judicieuses, suivez-les. Sinon, vous êtes parfaitement libre de ne pas en tenir compte. Vous n'avez aucune obligation à notre égard et n'avez pas à vous inquiéter de nos états d'âme », me dit-il. L'autoritarisme et le désir de toute-puissance sont des travers répandus dans sa profession et, avec la plus grande élégance, il ne cherche pas à s'en exonérer – il n'en a pourtant, quant à lui, jamais montré le moindre signe en soignant Thomas. Il m'engage fermement à n'obéir qu'à moi-même.

Je décide donc de ramener Thomas à la maison, contre l'avis du médecin de Garches. Puisqu'il n'y a rien à faire sur le plan médical qui justifie son maintien à l'hôpital, ce sera aussi bien fait chez moi. Si le temps est compté, il n'est pas question qu'il le passe ailleurs qu'à la maison, dans son foyer, entouré de sa famille. Puisqu'il ne peut presque plus rien avaler, je demande à notre médecin généraliste de lui prescrire ces boissons hypercaloriques et hyperprotéinées qu'on donne aux personnes âgées dénutries. Le liquide passe encore, en toutes petites quantités. Toutes les heures, je lui en donne quelques gorgées à boire. C'est – et cela restera – son unique alimentation.

La suite va donner raison au choix difficile que j'ai fait ce jour-là. Ainsi nourri de ces compléments alimentaires, Thomas reprend très progressivement du poids. Après quelques semaines à la maison, il exprime le souhait de retourner en cours. Mais il est épuisé et ne peut y assister de manière régulière. La directrice de son collège, très consciente de son état, comprend à quel point c'est important pour lui : « Faites exactement ce qui vous semble le mieux pour Thomas, me dit-elle, nous sommes avec vous. » Elle lui permet de venir quand il veut, comme il veut, sans avoir à se justifier de ses absences ou de l'irrégularité de son travail. En nous accompagnant de cette manière, avec discrétion et délicatesse, cette directrice, comme Sophie et tous les enseignants du collège, sont un soutien solide dans cette période difficile. En quelques mois, Thomas retrouve son poids initial, puis s'y stabilise, et peut reprendre le rythme normal de sa scolarité.

Un an plus tard, un dernier examen, réalisé par le médecin de Necker, nous donnera l'explication de ces difficultés alimentaires : les fractures ont déformé la colonne vertébrale de Thomas, qui écrase en partie son œsophage. La voie que doivent emprunter les aliments est comprimée, seuls les liquides peuvent passer, et de manière très progressive. Les raisons sont purement mécaniques et il n'y a pas grand-chose à faire pour y remédier.

J'ai eu raison, donc, de choisir de nourrir Thomas ainsi. L'installer à l'hôpital n'aurait rien apporté de plus, si ce n'est le traumatisme de la séparation et de la déscolarisation – qui lui aurait peut-être été fatal. J'ai eu raison, mais j'aurais pu avoir tort. Dire que ma décision était réfléchie serait un mensonge : elle était viscérale, dictée par mon intuition plus que par mon intelligence. Mais le médecin n'avait pas non plus d'argument convaincant. Sans doute, si elle en avait eu, aurais-je pu les entendre. Toujours est-il que ce choix crucial ne s'est fondé sur aucune considération raisonnable, mais uniquement sur un instinct animal. La vie tient à peu de chose.

Au lycée

À la fin de l'année de quatrième, le conseil de classe propose à Thomas un nouveau saut de classe. Il pourrait entrer en seconde dès l'année prochaine. Si j'ai accepté avec joie le saut du CM2 et celui de la cinquième, je suis plus réservée à propos de celui-ci. Pas sur le plan scolaire, bien sûr : Thomas survole le programme sans le moindre effort et je ne doute pas de sa capacité à suivre celui d'une classe de seconde. Mais il est encore très fatigué de son brutal amaigrissement et des nombreuses hospitalisations de l'année qui vient de s'écouler. Il est aussi mal remis, peut-être, des émotions et des peurs qu'ils ont pu susciter. J'hésite à y ajouter le défi que représenterait, tout de même, une entrée en seconde à l'âge de onze ans et demi. Je consulte Paul : « Tu as vu dans quel état il est ? Ce serait de la folie ! » Il est plus brusque que moi dans sa formulation, mais nous sommes d'accord sur l'essentiel : cela ne nous semble pas raisonnable. Thomas, lui, a en ligne de mire le brevet des collèges. Il attache une grande importance à ce premier examen national qu'on présente aux collégiens comme une répétition générale du baccalauréat, et tient absolument à le passer, ce qui ne serait pas possible s'il sautait la classe de troisième. Les avis convergent : nous préférons que Thomas, cette année, poursuive sa scolarité au même rythme que ses camarades.

Cette année de troisième va être reposante pour toute la famille. Thomas va mieux, il a retrouvé son poids habituel. Nous reprenons tous des forces. Au collège, il connaît tout le monde, tout le monde le connaît, je n'ai à craindre aucune difficulté d'aucune nature. Sur le plan scolaire, il est plus qu'à l'aise. Il apprend ses leçons et fait ses devoirs en un rien de temps. Sophie écrit les contrôles sous sa dictée et s'amuse : ceux de mathématiques, prévus pour durer une heure, sont expédiés en cinq minutes. Elle surnomme Thomas « Speedy Gonzales » et lui offre une clé USB aux traits de ce personnage de dessin animé qui court si vite. Thomas passe, avec tous les élèves de troisième de son collège, un concours de mathématiques national. Il est le seul des quelque vingt mille candidats à donner une réponse exacte à la totalité des questions. Il est premier sans *ex aequo* et remporte un ordinateur. Il est très fier que ses résultats lui permettent de remplacer ainsi, par ses propres moyens, celui prêté par l'Inspection au titre des aménagements de sa scolarité. Le brevet des collèges est une formalité.

Nous ne sommes donc pas très surpris quand les enseignants renouvellent, à la fin de l'année de troisième, leur proposition de saut de classe. Il s'agit, cette fois-ci, d'envisager une entrée en classe de première scientifique en septembre, sans que Thomas passe par la classe de seconde. Thomas est beaucoup plus énergique qu'il y a un an et très enthousiaste. Il a confiance en ses propres capacités. Il a hâte d'aborder des programmes scolaires plus difficiles, ses succès lui donnent une bonne image de lui-même, les défis lui font oublier la maladie. Nous acceptons et c'est ainsi que Thomas entre, à douze ans et demi, en première.

Il ne quitte pas Blanche de Castille, qui est aussi un lycée, ni Sophie. Une règle voudrait qu'un enfant ne soit pas accompagné plus de deux ans de suite par la même AVS, pour que le lien entre eux ne devienne pas trop étroit. Pleine de bon sens, l'enseignante référente contrevient à cet usage sans hésitation : Sophie et Thomas s'entendent bien, elle a l'habitude de sa fragilité et sait faire face aux fractures, aux douleurs et aux vomissements toujours fréquents, elle remplit parfaitement son rôle de « secrétaire », Thomas a confiance en elle, ce n'est pas la peine de risquer de déséquilibrer un dispositif qui a fait ses preuves. Les années à Blanche sont des années bénies.

À l'hôpital

Une des broches qui maintient, de l'intérieur, l'os du bras de Thomas a bougé. Ou plus probablement, l'os s'est déformé ou effrité autour de la broche. Quelle qu'en soit la raison, l'extrémité du clou saille sous la peau de son épaule, provoquant un hématome permanent et menaçant de percer à chaque mouvement. Il n'y a qu'une solution : opérer sans attendre.

C'est bien ennuyeux. L'état respiratoire de Thomas s'est dégradé au fil du temps, rendant l'anesthésie difficile et risquée : l'équipe médicale a d'ailleurs renoncé, ces dernières années, à d'autres opérations qui n'étaient pas absolument indispensables. Les difficultés d'alimentation, la maigreur et la très grande fatigue, ainsi que l'extrême fragilité de Thomas ne font pas de lui le candidat idéal au bloc opératoire. Je sais que nous n'avons pas le choix, mais je n'en mène pas large.

La consultation d'anesthésie à laquelle Thomas se présente deux jours avant l'opération n'est pas pour me rassurer. Au vu de son dossier, le médecin proscrit toute anesthésie générale. Il préconise une intervention sous anesthésie locale, avec l'aide d'autres médicaments pour calmer l'angoisse et la douleur. Le docteur F., qui doit réaliser le geste chirurgical, n'est pas sûr que cela suffise. Si l'on était obligé, au cours de l'intervention, de décider en urgence d'une anesthésie générale, il prévoit de faire transférer Thomas dans le service de réanimation d'un autre hôpital pour qu'il y soit réveillé – l'hôpital Necker n'a pas, me dit-il, de « plateau technique » suffisant. Mon inquiétude vire à l'affolement. Si l'un des plus grands services pédiatriques de toute l'Île-de-France ne se sent pas techniquement capable de réveiller Thomas, c'est mauvais signe. Mieux vaudrait ne pas l'endormir.

Quand j'amène Thomas à Necker la veille de l'opération, je ne sais pas si, demain à la même heure, il sera dans sa chambre en train d'émerger des vapeurs médicamenteuses dans lesquelles il va être plongé, ou bien, pour une durée indéterminée, dans cet autre service de réanimation fermé aux parents. Je ne sais pas quand je le reverrai ni dans quel état. Ce n'est pas la première fois que j'ai si peur, ni la dernière sans doute, mais le sentiment qui m'étreint la poitrine n'en est pas moins pénible. Peur, d'ailleurs, est un mot bien faible pour le désigner.

Ma mère nous accompagne : elle n'est pas plus sereine que moi, mais nous sommes deux pour garer la voiture dans l'hôpital, conduire Thomas dans le service, l'installer dans sa chambre. Avoir ma maman près de moi, dans de tels moments, me donne la force d'être une mère pour Thomas et de ne pas flancher devant lui.

À l'accueil du service, plusieurs enfants attendent avec leurs familles. Tous les entrants sont convoqués à la même heure, selon les usages de l'hôpital. À treize ans, Thomas est l'un des plus âgés – et ce jour-là, le plus mal en point. Il a absolument voulu aller en cours le matin, et il est très fatigué. Presque allongé dans son fauteuil roulant, il se sent nauséeux et somnole.

L'hôpital, pour nous, c'est devenu une routine. Jusque vers dix ans, Thomas a dû y faire de nombreux séjours. Des traitements par perfusions l'obligeaient à y passer trois jours tous les trois mois. S'y sont ajoutées les tractions pour les fractures de fémurs, une douzaine d'opérations, et des temps d'examens et d'observation. Nous y sommes habitués : notre valise est toujours prête au cas où il faudrait partir en urgence, nous savons comment les choses se dérouleront, j'emporte toujours un sac de couchage pour dormir au pied du lit de Thomas et de multiples activités à lui proposer pour l'occuper. Du moins, je veux croire que nous y sommes habitués. Malgré tous ces jours et toutes ces nuits passés à l'hôpital, et malgré l'étymologie qui voudrait qu'il soit un lieu de véritable accueil, il reste pour moi un milieu hostile.

Nous attendons dans une salle surpeuplée, surchauffée, remplie d'enfants énervés par les circonstances et l'atmosphère du lieu, à la fois épuisés et agités, dangereux pour Thomas. Et comme il est le plus âgé, il passera en dernier : la surveillante chargée de répartir les enfants dans les chambres en a décidé ainsi. Pour distraire les petits patients, des bénévoles déguisées en clowns passent. Elles s'agitent, font diverses blagues un peu niaises, des risettes à ma mère qu'elles appellent, à sa grande contrariété, « Mémé », sans doute pour amuser Thomas. Il n'a plus quatre ans : il est en classe de première scientifique, il est fatigué, il a envie de vomir, et il a peur de l'opération qui l'attend. Les grimaces et les rires bruyants des bénévoles ne sont pas bienvenus et devant leur insistance importune, il le manifeste gentiment mais clairement : il préférerait se reposer. Pourquoi faut-il qu'il le leur dise ? Elles pourraient s'en rendre compte et ne pas s'imposer.

Au bout de deux heures, on appelle Thomas, le seul à attendre encore. Tous les autres enfants se sont déjà vu attribuer un lit. La secrétaire, du fond de son bureau dont elle n'est pas sortie, se contentant de crier des noms, n'a pas vu qu'il était dans un fauteuil roulant électrique. Le dernier lit disponible est le deuxième d'une chambre double, trop exiguë pour que le fauteuil y entre. Il faut que je porte Thomas, depuis le couloir, jusqu'au fond de la pièce, en contournant le premier lit, dans lequel est déjà installé un autre enfant, ainsi que les chaises et les tablettes d'hôpital qui encombrent tout l'espace. Le critère de répartition des lits en fonction de l'âge n'était sans doute pas le plus judicieux. Ma mère est atterrée et se rend à la salle de soins pour se plaindre auprès des infirmières. Elle obtient que les deux lits soient intervertis : le fauteuil reste toujours dans le couloir, mais au moins je n'ai pas à traverser toute la chambre avec Thomas dans les bras, je peux le déposer sur le premier lit.

Les infirmières, après les formalités d'usage, posent la perfusion nécessaire pour l'opération. Je peux compter sur le docteur F. pour les avoir mises en garde : sur plusieurs feuillets, le dossier de Thomas est barré de la mention « FRAGILE », en lettres majuscules écrites au marqueur de couleur vive. Elles sont prévenues et particulièrement soigneuses. C'est moi qui serre le bras de Thomas, en lieu et place d'un garrot qui risquerait d'en casser l'os. Les veines de Thomas ne sont pas faciles à piquer, mais il est très coopérant, elles sont très attentives, et en un quart d'heure, c'est fait. Aujourd'hui, ce geste n'aura pas causé de fracture.

Ni Paul ni moi n'avons signé l'autorisation d'opérer toute rédigée qui était dans le dossier d'admission. Le texte du formulaire donnait tous les droits aux équipes médicales et, dans le contexte de cette opération, nous aurions eu l'impression de signer un chèque en blanc. Les infirmières constatent l'absence du document et déposent, sur la table de nuit, un autre imprimé. J'en biffe certaines lignes et le crayonne au stylo-bille rouge : nous autorisons l'intervention, bien sûr, et l'anesthésie locale et les diverses médications, mais nous nous opposons à l'anesthésie générale. Le docteur F. va tout faire pour l'éviter. Les infirmières, en reprenant la feuille, cochent sur le dossier la case « autorisation signée ». Je ne sais pas si elles ont vu mes ratures et mes commentaires. Je ne sais pas si elles ont vu, non plus, que Paul, qui n'est pas là, ne l'a pas signée – ce qui est illégal. À mon avis, personne ne consultera ce papier. Ce n'est pas rassurant.

Thomas, que j'ai allongé sur son lit et débarrassé de son corset, confortablement installé, reprend un peu de couleurs. Il révise son cours d'histoire : il y a un contrôle demain. Bien sûr, il ne sera pas au lycée. Mais le professeur a promis d'envoyer le sujet pour que Thomas le fasse dans les prochains jours, quand il se sentira suffisamment rétabli. Il se tient à jour de son travail, dans des circonstances où d'autres abandonneraient tout. Cela m'impressionne, mais depuis des années, j'ai compris que sa scolarité n'est pas seulement un plaisir : elle fait sa force. Je respecte cela et je fais de mon mieux pour qu'elle soit le moins perturbée possible par les aléas de sa santé. L'équipe médicale qui l'entoure en a également bien conscience et s'adapte autant qu'elle le peut. Le docteur F. en tient toujours compte pour fixer le moment des opérations, quand elles ne sont pas réalisées en urgence. Le docteur B., la généticienne qui coordonne l'ensemble du suivi de Thomas depuis plusieurs années, me laisse toute latitude pour choisir les dates des consultations.

Vers vingt heures, l'anesthésiste qui s'occupera de Thomas demain passe dans la chambre. Comme c'est l'usage, ce n'est pas le même médecin que celui qui nous a reçus avant-hier en consultation. Pour lui, c'est une visite de routine. « Ablation de broche sous anesthésie générale, tout va bien se passer, ne vous inquiétez pas. » Apparemment, il n'a fait que survoler le dossier, ce qui ne m'étonne guère. Il s'apprête à quitter la pièce aussi vite qu'il y est entré. Je l'arrête dans son élan et lui rappelle l'état de Thomas. Heureusement, il m'écoute. Je pense qu'il va essayer d'éviter l'anesthésie générale. Que se serait-il passé demain si je n'avais pas été dans la chambre de Thomas au moment de sa visite ?

Une heure plus tard, c'est Paul qui vient nous retrouver après sa journée de travail. Je lui raconte notre après-midi et je profite de sa présence pour aller manger un sandwich et prendre une douche dans l'unique salle de bains du service, à l'autre bout de l'étage. Je répugne à laisser Thomas seul dans sa chambre : j'ai toujours peur qu'au motif de prendre sa tension ou sa température en mon absence, une aide-soignante ou une infirmière lui casse un bras ou une jambe. Paul nous embrasse et rentre dormir à Versailles : il reviendra dès demain matin pour voir Thomas avant son départ au bloc.

Thomas, à qui on a donné une « prémédication », un cocktail de médicaments censé l'aider à bien dormir, commence à s'assoupir. La maman de l'enfant dont il partage la chambre s'apprête à passer la nuit sur un fauteuil rigide. Pour ma part, je déploie un sac de couchage à même le sol au pied du lit de Thomas. Il y a tout juste la place. Nos nombreux séjours à l'hôpital m'ont permis d'en faire l'expérience : mon dos ne supporte pas une nuit passée assise sur ce genre de fauteuil. Je préfère m'allonger, même par terre. Le docteur F. vient saluer son jeune patient, comme il le fait toujours à la veille d'une intervention. Je lui réitère mes craintes, lui demande instamment, le supplie presque de faire tout ce qui est possible, et même plus, pour qu'il n'y ait pas d'anesthésie générale. Il promet, essaie de me rassurer, même si je ne suis pas sûre qu'il soit beaucoup plus tranquille que moi, et se désole de voir mon sac de couchage sur le sol. Ne préférerais-je pas dormir sur le brancard qui est dans le couloir ? Mais il n'y a pas la place de le faire entrer dans la chambre, et il n'est pas question pour moi de m'éloigner de Thomas. Le sujet est clos, je dormirai par terre. C'est d'ailleurs bien le cadet de mes soucis.

Avec l'accord de l'autre maman, j'éteins la lumière. Malheureusement, je n'obtiens pas qu'elle en fasse de même avec la télévision : elle a l'habitude de dormir avec l'écran allumé, cela lui tient compagnie. Je m'allonge. Il est déjà tard, mais je sais que je ne vais pas beaucoup dormir. Où sera Thomas demain à la même heure ?

Mon téléphone portable me communique une foule de messages de soutien et d'encouragements. Tout le monde pense à nous. Un groupe d'amies me fait savoir que dès qu'elles auront déposé leurs enfants à l'école demain matin, elles iront toutes à la messe de la paroisse que le prêtre célébrera à l'intention de Thomas. Pendant qu'il sera au bloc, elles prieront pour lui. Merci, chères amies, de cette aide si délicate, si précieuse aussi, la seule et la plus utile que vous pouvez m'apporter à cet instant. Merci à vous que je sais aussi capables de déployer une énergie et une imagination sans limite quand j'ai besoin d'un secours plus concret.

Du sol, j'observe les moutons de poussière sous le lit. Nous sommes dans un service de chirurgie, tout devrait être aseptisé. J'ai peine à croire que ce soit si sale. Thomas est capable, sans doute par nécessité, de dormir malgré la lumière et le bruit. Pas moi. Et surtout pas cette nuit. Je voudrais qu'elle dure toujours : je ne sais pas ce qui nous attend demain. Mais les minutes, les heures passent, et je n'ai rien d'autre à faire que d'attendre, les yeux ouverts, que le jour pointe.

Au petit matin, je donne moi-même à Thomas la traditionnelle douche à la Bétadine, comme un dernier câlin avant l'épreuve. Paul nous rejoint et assez vite, Thomas descend au bloc. Jusqu'au dernier instant, malgré l'effet des médicaments qui le rendent un peu confus, il lit et s'occupe. Il ne parle guère. C'est sa manière, me semble-t-il, de ne pas laisser à l'anxiété la possibilité de l'envahir. Nous l'accompagnons jusqu'à l'entrée du bloc, le couvrons de baisers. « À tout à l'heure, mon chéri, courage, nous sommes avec toi. » Je ne sais pas si je le reverrai tout à l'heure, le courage que la situation exige de lui me paraît surhumain, et je voudrais tant être physiquement avec lui, et même me substituer à lui pour subir à sa place ce qui l'attend… Quand les brancardiers lui font passer la porte automatique qui mène au bloc, cet endroit mystérieux auquel seuls les patients et les médecins ont accès, où sont pratiqués des gestes que j'ignore mais que j'imagine et qui me terrifient, un vertige me saisit. Je n'ai pas compté, ce doit être, à peu près, la douzième opération de Thomas. Je ne m'habituerai jamais.

Paul m'entraîne : « On va manger. » Il a faim. Ou bien, peut-être qu'il n'a pas faim. Mais il m'emmène manger. C'est devenu un rite. Quand Thomas part au bloc, nous allons manger. Un petit déjeuner, un déjeuner, une pâtisserie selon l'heure. Le plus loin possible de cet endroit. Du moins, le plus loin qu'il parvient à me tirer par la main. Moi, je préférerais attendre devant la porte du bloc, si j'en avais le droit, ou bien dans la chambre de Thomas. S'il faut manger, à la rigueur, je veux bien aller à la cafétéria de l'hôpital. Mais rester à proximité est parfaitement inutile et Paul le sait. L'opération va durer un moment, j'ai mon téléphone portable et on nous appellera suffisamment tôt pour que nous ayons largement le temps de revenir. Alors Paul insiste : nous sortons de l'enceinte de l'hôpital. Encore quelques pas, une rue de plus. Ce café a bonne mine mais la brasserie, là-bas, un peu plus loin, lui plaît davantage. Selon les opérations, selon les circonstances, selon sa détermination et ma résistance, nous irons à un endroit ou à un autre. Cela n'a guère d'importance : j'ai beau être une gourmande invétérée, ces jours-là, je prends le premier plat qui se propose sur la carte, et quel qu'il soit, il a un goût de cendres dans ma bouche.

J'ai les yeux rivés sur ma montre. Une heure, deux heures… Ça dure. Que se passe-t-il là-bas ?

Thomas souffre-t-il beaucoup ? A-t-il peur ? L'un et l'autre, sans doute. Et je ne suis pas avec lui.

Ça suffit. On y retourne. Nous parcourons le chemin en sens inverse, c'est moi, maintenant, qui traîne Paul derrière moi. Il sait bien que c'est trop tôt et que nous allons encore attendre de longs moments à l'hôpital. Mais je n'en peux plus, il faut que je sois là-bas, le plus près possible de Thomas.

Nous rejoignons la chambre. Thomas est parti avec son lit médicalisé : elle semble toute vide. L'autre enfant est aussi descendu au bloc et sa mère est sortie. Nous sommes seuls, Paul et moi. J'informe les infirmières du service de notre retour, ont-elles des nouvelles ? « Non, rien, c'est normal, c'est trop tôt, ne vous inquiétez pas, on viendra vous chercher dès qu'il y aura du nouveau. » En de telles circonstances, on me répond toujours avec la plus grande gentillesse. Jamais un geste d'impatience devant mes irruptions intempestives au poste de soins, jamais une remontrance devant mes questions inutilement réitérées. Dans ces moments, l'empathie est systématique et générale.

Nos proches commencent à s'inquiéter, les messages affluent sur mon téléphone. Je réponds comme les infirmières.

En fin d'après-midi, soudaine agitation dans le couloir : Thomas remonte du bloc sans préavis. Le procédé est inhabituel. Mais il n'a pas eu d'anesthésie générale et n'a donc pas eu besoin d'un séjour en salle de réveil, où l'on nous aurait appelés à le rejoindre. Les brancardiers le ramènent donc directement dans sa chambre. Son lit est entouré des infirmières du service qui prennent le relais de leurs consœurs du bloc : elles vérifient les constantes de Thomas, notent les indications et les consignes des médecins sur la suite du traitement. C'est important, je les laisse faire, mais je me faufile tout de même suffisamment près du lit pour voir Thomas et le toucher. Il est parfaitement éveillé et conscient, mais il n'est pas rose comme d'habitude, ni pâle comme il l'est parfois. Il est bleuté – ou verdâtre. Il demande une bassine et vomit très violemment. Puis il annonce d'une voix ferme : « Maintenant, je veux dormir. » Et il ferme les yeux et sombre dans le sommeil.

Je l'ai souvent trouvé nauséeux et confus au réveil d'une anesthésie générale. Ce que je vois aujourd'hui est d'une autre nature et m'impressionne beaucoup. On lui a évité cette anesthésie générale beaucoup trop risquée. Mais il a souffert un calvaire et a été conscient tout au long de l'opération. Ce visage, cette couleur, ce sont ceux de quelqu'un qui revient de l'enfer. Me viennent à l'esprit des images de films de guerre, celles de ces soldats blessés qu'on opère à vif au bord du champ de bataille, sans anesthésie, avec les moyens du bord.

Thomas dort profondément, d'un sommeil qui, j'espère, répare et fait oublier. Paul nous quitte : il reste quelques heures avant la nuit, cela lui laisse le temps d'aller régler quelques affaires au bureau. Assise près du lit, j'envoie des messages pour rassurer nos proches. Dans la soirée, le docteur F. passe voir son patient. Curieusement, son visage a une couleur assez semblable à celle que j'observe sur celui de Thomas. Il déteste faire souffrir ses patients et il a manifestement passé, lui aussi, un très mauvais moment. Il me confirme mon sentiment : on a pu éviter l'anesthésie générale, mais l'anesthésie locale qui a été pratiquée s'est avérée très insuffisante. Si jamais, par la suite, une autre opération était nécessaire – à ce moment, je préfère ne pas y penser, mais le médecin ne peut pas se permettre d'ignorer cette éventualité – il faudrait réfléchir à d'autres méthodes pour soulager Thomas. Thomas ouvre un œil.

– Comment te sens-tu ? Est-ce que tu as très mal ?

– Ça va. J'ai besoin de dormir.

– Tu ne m'en veux pas trop ?

– Bien sûr que non.

– Ton épaule ? Est-ce qu'elle te gêne moins qu'avant l'opération ?

– Je ne sais pas, j'ai mal. C'est pareil.

Thomas referme les yeux et c'est à moi que le docteur F. s'adresse : « Eh bien, je crois que je vais aller prendre un antidépresseur. À demain. »

La nuit suivante se passe sans encombre, Thomas dort toujours aussi profondément, et cette fois-ci je parviens à somnoler par intermittence dans mon sac de couchage. Le lendemain matin, il se sent mieux et constate que la broche, effectivement, ne dépasse plus de l'os de son épaule : l'opération est un succès. Nous pouvons rentrer à la maison. Thomas dort presque toute la journée, il prend des forces : demain, il a prévu de faire son contrôle d'histoire.

Un diagnostic à treize ans

Le soleil inonde la pièce. En cette fin du mois de mars, ses rayons parviennent, dehors, à combattre les derniers assauts du froid encore vif. Les beaux jours s'annoncent. Quand j'ai ouvert les rideaux de sa chambre ce matin, Thomas s'est extasié devant la lumière : « Quelle belle journée ! Que j'aime le printemps ! » s'est-il exclamé, tout souriant. Moi aussi, j'aime ce moment de l'année où le renouveau s'apprête à prendre le dessus sur les ténèbres de l'hiver. Mais contrairement à toi, mon Thomas, j'oublie bien trop souvent de m'en émerveiller.

Les enfants sont en classe et je vaque chez moi à de banales occupations ménagères. Le téléphone sonne : c'est le docteur B., la généticienne de l'hôpital Necker. Ce n'est plus celle qui, lors de nos premières consultations, nous a annoncé la maladie de notre bébé et qui, aujourd'hui, s'apprête à prendre sa retraite. Le docteur B. est plus jeune, elle a pris progressivement le relais de sa consœur. Nous la connaissons déjà depuis plusieurs années. En termes de génétique à proprement parler, il ne se passe pas grand-chose pour Thomas : toutes les pistes ont été explorées, au fur et à mesure de l'avancée des connaissances sur l'ostéogenèse imparfaite et de l'apparition de nouvelles techniques de recherche. À l'impatience des premières années, au désir d'être fixés, ont succédé la désillusion, puis le désintérêt : nous ne savons pas exactement ce qu'a Thomas et nous n'attendons plus rien. Le docteur B. joue donc surtout un rôle de coordinatrice entre les différentes spécialités médicales qui interviennent dans son suivi. C'est elle qui a la meilleure vue d'ensemble de son état et, à ce titre, elle tient une place essentielle dans l'organisation des soins. Mais aujourd'hui, il n'est pas question de planifier une consultation ou de prévoir une opération. Elle a une nouvelle d'importance à m'annoncer : les laboratoires, qui gardent en culture des cellules de Thomas depuis des années, ont trouvé la mutation génétique qui provoque sa maladie. Cette fois, elle en est sûre : « On la tient ! » Elle me demande de lui envoyer par la Poste des prélèvements sanguins de Thomas, de Paul, et de moi, afin de confirmer ce diagnostic.

Cet appel me laisse sonnée. Je ne sais pas quoi penser, il y a eu tant de faux espoirs ! Au fond de nous-mêmes, nous nous sommes faits à l'idée que nous ne saurions jamais ce qu'a Thomas et nous vivons bien ainsi… Nous nous empressons de faire effectuer les trois prises de sang et d'envoyer les petits tubes soigneusement emballés. Il faut attendre un mois, le temps que toutes les vérifications soient faites. Nous avons rendez-vous mi-mai à Necker, Paul et moi, pour qu'on nous communique les conclusions. Nous passons ces semaines à cogiter. Que va modifier cette annonce dans nos vies ? Si elle avait eu lieu plus tôt, aurions-nous envisagé d'avoir d'autres enfants ? Qui de nous deux a transmis le gène défectueux, et quelles répercussions cela va-t-il avoir sur nos relations ? Jusqu'ici nous avons porté ensemble la responsabilité d'avoir mis au monde un enfant malade. L'un de nous deux va-t-il se sentir coupable ? Cela va-t-il avoir des conséquences pour Pierre, ou pour nos frères et sœurs, peut-être aussi porteurs de ce gène ? Et si l'on nomme enfin la maladie de Thomas, va-t-on aussi nous donner des perspectives de son évolution ? Je ne suis plus si sûre d'avoir envie de savoir. Je vis péniblement ces quelques semaines. Paul est plus serein, son esprit cartésien lui a toujours donné le goût d'une approche scientifique des problèmes.

Lorsque nous nous retrouvons à Necker, nous avons la surprise de voir participer à la consultation la généticienne « presque » à la retraite. C'est elle qui nous a accompagnés au tout début, il y a plus de douze ans, puis dans les années qui ont suivi et qui ont été émaillées de difficultés qu'elle n'a pas oubliées. Même si ce sont les équipes qui lui ont succédé qui ont identifié le gène défectueux qui lui a échappé, elle souhaite être là. Sa présence me touche beaucoup. Thomas n'est plus son patient aujourd'hui. Si elle s'est tenue informée des derniers événements, si elle est ici, alors qu'elle n'en a pas l'obligation professionnelle, c'est qu'elle s'intéresse à lui et qu'un lien s'est créé entre elle et notre histoire. Sans doute s'est-elle attachée ainsi à tous ses petits patients. Elle place haut l'idée qu'elle se fait de son métier de médecin : heureusement qu'il y a des gens comme elle.

Le docteur B. nous explique les recherches qui ont été conduites et les résultats auxquels elles ont abouti. C'est technique, je ne comprends pas tout et, si Paul s'intéresse aux détails et aux méthodes employées, j'avoue que j'attends impatiemment les conclusions. Elles viennent. Le docteur B. est enthousiaste : Thomas est un cas exceptionnel et, pour la scientifique qu'elle est, la découverte est de taille. Pour moi, ce n'est pas une surprise : je sais bien qu'il est exceptionnel – et pas seulement sur le plan médical. Depuis le temps, si sa maladie était banale, on l'aurait diagnostiquée. Nous y sommes enfin : il s'avère que Thomas a une forme récessive de fragilité osseuse, c'est-à-dire que Paul et moi sommes tous deux porteurs du gène défectueux et le lui avons transmis. Il y a quelques autres cas dans le monde de cette mutation génétique particulière, mais tous issus de familles où les parents sont consanguins, ce qui peut expliquer qu'ils portent un gène identique, même s'il est rarissime. Nous ne le sommes pas : nos prélèvements sanguins l'ont confirmé. Mieux encore : nous portons chacun un défaut sur le même emplacement du même gène, mais pas le même défaut. Cela suffit pour que Thomas, qui a hérité des deux gènes anormaux, soit malade, mais est une indication supplémentaire que nous ne sommes pas apparentés, Paul et moi. Cette configuration est tout à fait inhabituelle. Et pour finir, elle nous annonce que, si on a bien retrouvé dans le sang de Paul l'un des deux gènes défectueux, il n'en a pas été de même pour moi : apparemment, la mutation a eu lieu après ma conception et n'a pas touché toutes mes cellules. Je suis donc la première porteuse, dans ma lignée, de ce gène muté.

Cela fait beaucoup d'informations à assimiler en peu de temps : nous sommes tous deux porteurs, chacun de nos enfants avait donc un risque sur quatre d'être malade comme Thomas. Cela nous semble énorme et nous confirme que notre décision de ne pas avoir d'autre enfant, si douloureuse qu'elle ait pu être, était celle qui nous convenait le mieux. Je ne me sentais pas la force d'élever deux enfants aussi lourdement handicapés, et le danger était bien réel. Apprendre aujourd'hui qu'il était inexistant aurait été une source de regrets infinis… La rareté de cette mutation génétique fait que le nombre de malades identifiés dans le monde, à ce stade, est infime. Il ne s'agit pour l'heure que d'enfants, ce qui ne nous donne aucune information sur la façon dont l'état de Thomas peut évoluer. Cette rencontre de ces deux anomalies exceptionnelles et différentes sur un même gène chez Paul et moi, si je comprends bien, était extrêmement improbable ; Paul, en sortant de la consultation, m'embrasse et déclare : « Seuls toi et moi, ensemble, pouvions fabriquer un Thomas. » Le geste et le sourire qui accompagnent cette si jolie phrase ne me laissent pas de doute : ce n'est pas à la maladie qu'il pense.

Cette annonce, finalement, ne va pas changer grand-chose à notre vie quotidienne. Mais elle me permet de clore définitivement le chapitre, jamais vraiment refermé, des accusations dont nous avons fait l'objet il y a treize ans. Ne pas pouvoir répondre précisément à la question « De quelle maladie souffre-t-il ? » avait fini par me rendre paranoïaque : puisque je ne pouvais pas dire ce qu'il avait, sans doute n'avait-il rien et inventais-je tout ? C'est, en somme, un soulagement et un apaisement. Et donc une étape importante, ce qui explique que la généticienne à la retraite ait voulu prendre part à cette consultation.

Thomas a donc une maladie rarissime et nous ne pouvons guère prévoir ce que la vie lui réserve. L'incertitude dans laquelle nous vivons, au fond, nous convient bien, même s'il nous a fallu beaucoup de temps pour nous y habituer. Personne ne sait de quoi demain sera fait : ce n'est pas différent pour Thomas. J'ai passé des années à craindre l'avenir, à vouloir résoudre à l'avance des problèmes qui ne se posaient pas encore : cela a été épuisant et inutile, puisque lorsque les difficultés se présentent, elles prennent rarement la forme que j'avais anticipée. Inversement, à certaines époques, j'ai vécu dans la terreur que Thomas ne vive pas : il vit et chaque jour est un cadeau.

Nous n'imaginons rien, ne faisons pas de projets à très long terme, n'organisons matériellement les choses qu'avec un préavis raisonnable. Dire que nous ne sommes pas inquiets serait exagéré, mais nous n'avons pas peur. Nous savourons ensemble les petits bonheurs de chaque journée. Et c'est très bien ainsi.

« Me voici ! »

Thomas est en classe de terminale, il a quatorze ans et a demandé à recevoir le sacrement de confirmation. Patrick, un vieil ami, vient le voir chaque semaine pour l'y préparer. Thomas et lui passent de longs moments à bavarder. À quatre-vingts ans, Patrick consacre sa retraite à la catéchèse et accompagne dans leur cheminement spirituel nombre d'adolescents et d'adultes : il est rompu à ce genre d'échanges. Il me confie dans ces termes : « Je vois tant de jeunes qui ont tout pour eux, intelligence, beauté, santé, famille aimante et solide, et qui pourtant sont malheureux et perdus… Et ton petit, lui qui est tout cassé, il rayonne ! »

Thomas doit se confesser avant la célébration, et nous avons convenu qu'il était plus simple qu'il le fasse chez nous. Mais le curé de la paroisse, qui le connaît bien, est débordé. Il envoie son vicaire. C'est un jeune prêtre, très habitué lui aussi au dialogue avec les adolescents, féru de camps scouts et de Journées mondiales de la jeunesse, de nouvelles technologies et de réseaux sociaux, très actif, énergique et plein d'humour. Pourtant, quand je lui ouvre la porte, je sens que le père A. est tendu : il n'est manifestement pas, ici, sur un terrain qui lui est confortable. Sans doute a-t-il peur de voir Thomas souffrir, ou de ses propres réactions… Je les laisse : après tout, il a déjà vu mon fils à la messe, il est venu en connaissance de cause, il devrait surmonter son appréhension. Un moment après, des éclats de voix et de rires me parviennent du salon où ils se trouvent tous les deux. La confession est terminée, ils sont en train d'examiner ensemble sur le smartphone du prêtre des applications qui pourraient sans doute aider Thomas dans sa vie quotidienne, notamment des systèmes de dictaphone et de reconnaissance vocale. Le lien s'est créé facilement. En partant, tout souriant, le père A. me glisse : « Je ne connaissais Thomas que de loin, dans son fauteuil, j'étais inquiet à l'idée de le voir alité à la maison, peut-être triste ou douloureux, mais c'est incroyable ce qu'il est joyeux ! Il m'a complètement *reboosté* ! »

C'est un fait : la foi de Thomas, dont j'avoue humblement ne pas bien savoir d'où elle lui vient, le rend heureux. Cela impressionne ou interpelle ceux qui l'approchent. Il s'abandonne en toute confiance et recommande au Seigneur ceux qu'il aime – et aussi d'autres, qu'il connaît à peine ou pas du tout, mais dont il pense qu'ils ont besoin qu'on prie pour eux. Il ne demande jamais rien pour lui-même et n'est donc jamais déçu. Au contraire, il rend grâce pour ce que tant d'autres – parmi lesquels je me compte – considèrent comme un dû : un rayon de soleil, une bonne note, une opération qui s'est bien passée, un éclat de rire.

Thomas avait huit ans quand mon plus jeune frère s'est marié. Mes deux garçons ont eu la joie d'être enfants d'honneur. Pierre s'est vu confier avec beaucoup d'émotion la responsabilité de tenir, à certains moments, le bouquet de la mariée. Thomas, lui, a eu pour mission de lire un passage de l'Ancien Testament lors de la cérémonie religieuse. L'instant est gravé dans ma mémoire : je revois Thomas, tout fier dans son habit de fête, et j'entends encore sa petite voix, amplifiée par le micro, intimidée et pourtant parfaitement ferme, faire résonner dans la cathédrale Saint-Louis des Invalides l'appel du Seigneur : « Samuel, Samuel ! » et la réponse du jeune Samuel : « Parle, car ton serviteur écoute. » Mon frère m'a dit avoir eu les larmes aux yeux. Peut-être tout est-il là, dans cette disponibilité radicale ?

Un projet

Thomas s'apprête à passer son baccalauréat scientifique. Il faut songer à la suite de ses études. Il est toujours passionné par les mathématiques, toujours en avance sur le programme et, depuis un moment, se dessine une vocation pour la recherche et l'enseignement. Vocation que Paul et moi encourageons : elle semble correspondre à ses goûts, mais aussi à ses capacités physiques. Deux cursus peuvent lui permettre de mener à bien son projet : l'université, où il ne fait pas de doute qu'il pourra étudier les mathématiques à son rythme, ou une classe préparatoire scientifique[1]. Certes, il ne sera pas ingénieur : ce n'est pas son souhait, et c'est bien ainsi car nous sommes très conscients que

1. Classes de « mathématiques supérieures » (première année) et « mathématiques spéciales » (seconde année) qui préparent principalement aux concours des grandes écoles d'ingénieurs.

les modalités de la plupart des carrières d'ingénieur ne sont pas compatibles avec son état physique. Mais ces classes préparent aussi au concours des Écoles normales supérieures, qui forment dans des conditions exceptionnelles l'élite de la recherche française. La voie est étroite : en mathématiques, l'École normale supérieure de la rue d'Ulm à Paris recrute quarante élèves par an, sélectionnés parmi plus de mille cinq cents candidats, eux-mêmes les meilleurs en mathématiques de toute une classe d'âge. Il est plus difficile d'y entrer que d'intégrer l'École polytechnique. Rien n'assure que Thomas peut réussir ce concours. Mais si c'était le cas,

je suis convaincue qu'il trouverait là un univers propre à assouvir enfin sa soif d'apprendre, de manière sans doute plus stimulante qu'en faculté. Thomas a envie de tenter sa chance et je le soutiens. Paul, lui, est inquiet du rythme et de la pression des années de classes préparatoires, que nous connaissons bien pour y avoir tous deux été élèves. Mais il aime les défis et va m'accompagner loyalement dans mes démarches pour y inscrire Thomas, et pendant les deux années qu'elles vont durer, il se dévouera sans compter, tout au long des week-ends, pour écrire les devoirs de Thomas sous sa dictée, lui consacrant sans hésitation tout son temps libre.

Cela fait dix ans que Thomas est scolarisé, le système n'a plus vraiment de secret pour moi et je ne me fais guère d'illusion : ce projet d'études ne va pas être accueilli à bras ouverts par l'administration de l'Éducation nationale. Car le statut de Thomas ne change pas : les classes préparatoires étant assurées dans des lycées et non dans des établissements de l'enseignement supérieur, il reste dans le cadre de l'enseignement scolaire, sous le régime des élèves handicapés.

« Mais pourquoi tenez-vous tant à ce que Thomas fasse des études ? Il n'en a pas besoin, puisqu'il pourra toucher des allocations ! » C'est une nouvelle enseignante référente qui anime la réunion annuelle au lycée, et elle ne cache pas son incompréhension. Que Thomas arrive au niveau du bac, c'est déjà un exploit à ses yeux, aussi bien pour lui que pour les établissements qui l'ont accueilli : c'est bien suffisant. Cette position de la personne même chargée, au sein de l'Inspection académique, d'organiser la scolarité de Thomas et de ses compagnons d'infortune me laisse perplexe. Quel sens donne-t-elle à leur scolarisation ? Vivre d'allocations, est-ce le seul objectif qu'elle leur imagine ? L'accueil à l'école des enfants handicapés est un droit, ce n'est pas de la bienveillance à leur égard. Mais je m'abstiens de tout commentaire et l'enseignante référente poursuit son raisonnement : « quand on est handicapé, il vaut mieux aller en fac », si l'on veut vraiment continuer ses études. Cela me rappelle les propos d'un médecin il y a plusieurs années : « Avec un handicap comme celui de Thomas, une bonne voie professionnelle, c'est d'être standardiste : on a un casque sur la tête pour communiquer avec son interlocuteur et il suffit d'un doigt pour cliquer sur les touches nécessaires. » Comme si l'avenir d'une personne handicapée se dessinait uniquement en fonction de ses caractéristiques physiques, dans un monde qui prétend pourtant combattre toute forme de discrimination et où il est illégal d'orienter les gens en fonction de leur sexe ou de la couleur de leur peau ! Comme si son projet ne pouvait se définir qu'à l'aune de ses déficiences, plutôt qu'à celle de ses qualités ! Une fois de plus, le handicap prend le pas sur la personne…

Je ne démords pas de mon souhait de demander une classe préparatoire pour Thomas. L'enseignante référente s'incline et nous remplissons donc ensemble, comme chaque année, les formulaires destinés à prévoir l'organisation de l'année suivante. La démarche est purement administrative et l'Éducation nationale a pris le parti d'uniformiser les documents pour tous les enfants, quels que soient leur handicap et leur niveau scolaire : que l'enfant soit aveugle, trisomique ou handicapé moteur, qu'il ait trois ans ou vingt, qu'il soit à l'école maternelle ou en terminale, on répond au même questionnaire. Sous prétexte de confidentialité, il est de toute façon vidé de sens. À mes yeux, aucune des cases que j'y trouve ne concerne vraiment Thomas. Il est interdit de mentionner le nom de sa maladie ou ses conséquences sur son état : ce serait divulguer un secret médical. Le terme « fauteuil roulant » n'apparaît pas, on lui préfère celui de « matériel adapté au handicap », qui ne veut rien dire tant il est général. Les questions concernant le niveau et les aptitudes scolaires sont toujours les mêmes : « l'enfant peut-il comprendre une phrase simple, apprendre à lire et à calculer ? », « est-il capable de fixer son attention, de mémoriser, de maîtriser son comportement, de respecter une consigne ? »[1] Il faut faire confirmer les réponses par les professeurs. À ce stade de la scolarité de Thomas, ils hésitent entre la stupéfaction et le fou rire en les signant. Et c'est sur la base

1. Extraits du GEVA-Sco, formulaire officiel permettant l'évaluation des besoins des élèves en situation de handicap, support de l'information utilisée ensuite pour organiser leur scolarisation.

de ces formulaires que toutes les décisions vont être prises, par des personnes qui ne rencontreront jamais ni Thomas ni moi. Aucune place n'est laissée à la famille pour personnaliser le projet ou les besoins de l'enfant. Dans le cas de Thomas, comment l'accompagner correctement si on ne sait pas qu'il est fragile ? Et plus généralement, chaque cas d'un élève handicapé n'est-il pas suffisamment singulier pour mériter un traitement individuel ?

Cette enseignante référente ne semble d'ailleurs pas connaître le système des classes préparatoires aux grandes écoles (CPGE) : elle s'obstine à écrire PGCE dans tous les dossiers ; quand j'évoque les « colles », ces interrogations orales hebdomadaires qu'il faut prévoir dans l'emploi du temps – et donc dans le nombre d'heures d'AVS, elle me répond du tac au tac : « Mais Thomas est sage, pourquoi voulez-vous qu'il soit puni ? » Elle considère qu'une fois le formulaire rempli, l'administration aura tous les éléments pour décider de l'avenir de Thomas, et me laisse mener seule ma recherche d'un établissement. Heureusement, peut-être !

Même si je suis convaincue qu'il faut que Thomas essaie de suivre ce cursus, je suis bien consciente que son état physique est, de fait, un gros handicap. Il se fatigue vite quand il est installé dans son fauteuil, corseté et maintenu par des sangles et, depuis l'année de son CE2, il ne va en cours que le matin. L'après-midi, il reste à la maison, où il peut étudier en position allongée. Les enseignants de « Votre École Chez Vous » continuent de l'accompagner dans son travail personnel, mais ce système n'a pas d'équivalent dans l'enseignement supérieur. Si Thomas est parvenu jusqu'en classe de terminale en n'allant au lycée qu'à mi-temps, un tel rythme n'est peut-être pas envisageable en classe préparatoire. Son temps de travail, d'ailleurs, est limité : il a besoin de dormir douze heures par nuit, faute de quoi il s'épuise ; pour qu'il soit en état d'aller en cours le matin, j'éteins sa lumière avant dix-neuf heures trente. Il faut aussi compter les précieuses heures occupées par les séances quotidiennes de kinésithérapie, le bain, les préparatifs et soins divers. En outre, il ne peut plus du tout écrire ni même utiliser le clavier d'un ordinateur, et les systèmes de reconnaissance vocale ne sont pas adaptés aux mathématiques : il va donc falloir trouver des secrétaires ayant un bon niveau dans les matières scientifiques, et cela complique encore le recrutement toujours ardu des AVS. Je mets ces difficultés en balance avec sa passion pour les mathématiques, son désir de poursuivre dans une voie exigeante, son goût de l'effort et du dépassement de soi et le fait que, malgré toutes les contraintes matérielles, il arrive au niveau du bac à quatorze ans, en étant en permanence le premier de sa classe, et de loin, dans toutes les disciplines. Il me semble qu'il faut lui permettre de tenter sa chance, mais je prévois d'emblée de l'inscrire en faculté, en parallèle des années de classes préparatoires : à tout moment, si le rythme nous paraît trop fatigant pour Thomas, nous serons en mesure de le réorienter dans un cursus qui l'intéresse aussi mais est moins éprouvant.

Deux prestigieux établissements de Versailles assurent les classes préparatoires visées par Thomas. En amont de la procédure informatique d'orientation post-bac, je prends contact avec le proviseur du lycée Hoche et le directeur de l'École Sainte-Geneviève. Je n'ai pas oublié les refus que j'ai essuyés il y a cinq ans quand Thomas est entré au collège. Je m'attends à devoir batailler bec et ongles et, à ma grande surprise, ce n'est le cas ni avec l'un, ni avec l'autre : devant le dossier scolaire de Thomas, nos arguments, sans doute aussi notre clairvoyance face aux difficultés du projet, les deux chefs d'établissement se disent prêts à se lancer dans cette aventure. Peut-être ont-ils des obligations administratives envers les étudiants handicapés, mais cela va plus loin : ils portent une réelle attention à Thomas, ils font montre d'empathie et sont disposés à mettre en place toutes sortes d'aménagements pour faciliter les choses. Alors que l'entrée en classe préparatoire est infiniment plus sélective que l'entrée en sixième, je rentre de mes deux rendez-vous quasiment assurée que Thomas sera admis dans les deux établissements, et qu'il lui revient de choisir, en le plaçant en premier vœu, celui qu'il préfère. Thomas, qui ne perd pas une miette des comptes rendus de mes démarches, me lance avec sa malice habituelle : « Tu vois, Maman, il n'y avait aucune raison de s'inquiéter, c'est bien plus facile d'entrer en prépa qu'en sixième ! » Il n'a pas tort : plus il avance, plus ses succès scolaires lui ouvrent les portes. Tant mieux pour lui, bien sûr. Mais cela me fait penser à tous ces jeunes handicapés, moins doués que Thomas sur le plan académique : n'ont-ils pas droit, tout autant que lui, à des études cohérentes avec leurs souhaits et leurs capacités et non pas dictées par leur handicap ?

Après des semaines d'hésitation, la comparaison entre les emplois du temps des classes dans chacun des lycées emporte la décision. Ceux du lycée Hoche sont plus compacts, tandis que ceux de Sainte-Geneviève, où tous les élèves sont internes, s'étendent sur toute la journée, jusque tard le soir, et empiètent largement sur le week-end. Si nous souhaitons conserver le rythme d'une grosse demi-journée de présence en classe par jour, tout en permettant à Thomas d'assister au maximum des cours les plus importants, ce sera plus facile à Hoche. Il place donc ce lycée en premier choix et c'est là qu'il va passer ses deux années de classes préparatoires. Une fois son admission officialisée, je rencontre les professeurs de sa future classe : là encore, tout le monde l'accueille avec attention et s'organise pour qu'il puisse bénéficier au mieux de l'enseignement et de la formation ; l'équipe pédagogique aménage l'horaire des colles pour que Thomas n'ait pas à revenir le soir, elle le dispense de certains cours dont on sait qu'il n'aura pas besoin puisqu'il ne vise que les Écoles normales, elle l'autorise à réaliser les devoirs surveillés hebdomadaires à la maison, allongé, les professeurs promettent de m'envoyer par mail le plus d'éléments possible pour que Thomas puisse travailler de manière autonome chez nous, et prévoient de mettre en place un roulement d'élèves volontaires chargés de lui transmettre le contenu des cours auxquels il ne pourra pas assister. Je suis impressionnée et, bien sûr, extrêmement reconnaissante de la façon dont tous s'engagent pour que Thomas puisse réellement mettre à profit ces deux années. Ils ne se contentent pas de lui ouvrir la porte : ces enseignants dévoués, habitués à entraîner de manière intensive de futurs candidats à des concours difficiles, veulent jouer leur rôle aussi efficacement pour Thomas que pour les autres, même si cela leur demande un temps et une énergie supplémentaires qui me paraissent considérables. Pendant deux années, ils tiendront cet engagement sans faillir. Nul doute que Thomas leur doit beaucoup.

Des papiers, encore

Le bac se profile. Pour Thomas, comme pour beaucoup de candidats, c'est une échéance plus symbolique qu'inquiétante. Il ne doute pas de réussir, mais y voit une forme de rite de passage. D'élève, il va devenir étudiant. Cela l'émeut beaucoup, d'autant plus sans doute qu'il est malade et très jeune : arriver à cette étape, pour lui, c'est une victoire, un pied de nez à la maladie et peut-être, un peu, à la société.

Pour moi, l'approche de l'examen ressemble davantage à une corvée administrative, au moment même où le projet de l'entrée de Thomas en classe préparatoire m'occupe beaucoup. Comme tous les élèves handicapés, Thomas peut prétendre à des aménagements des épreuves. Je remplis les dossiers de demande, à peine mieux conçus que les formulaires que j'ai complétés pour organiser sa scolarité en classe préparatoire, avec un soin méticuleux. L'année dernière, quand Thomas a passé les épreuves anticipées, nous avons eu une bien mauvaise surprise. Sa copie de français, rédigée sur ordinateur et imprimée, n'a pas été corrigée. L'examinateur a considéré qu'une copie non manuscrite n'était pas recevable et lui a mis zéro. Il a fallu alerter le service des examens, qui a fait revenir le correcteur fin juillet pour réparer son erreur pour le moins désinvolte. J'aimerais éviter qu'un tel incident se produise cette année et en m'appliquant comme une écolière, j'espère conjurer le sort.

Comme pour le brevet des collèges et les épreuves anticipées du baccalauréat, je demande que Thomas puisse bénéficier d'un tiers-temps supplémentaire et de l'assistance d'un secrétaire qui écrira sous sa dictée. Je sollicite aussi une dispense des épreuves de travaux pratiques en biologie et en sciences physiques, puisque Thomas ne peut rien manipuler lui-même et que les règles de sécurité lui interdisent de toute façon d'entrer en fauteuil roulant dans les laboratoires. Enfin et évidemment, je demande qu'il soit dispensé de l'épreuve d'éducation physique. Rien d'extraordinaire : la loi de 2005 a fait entrer dans les usages toutes ces dérogations, et nombre de candidats les demandent et les obtiennent. Je joins tous les certificats médicaux et les justificatifs demandés et j'envoie le dossier en courrier recommandé à l'Inspection. Il doit d'abord passer devant la CDAPH[1], dont l'avis sera transmis au SIEC[2] qui statuera et accordera ou non les aménagements. Après, plaisante Thomas, il ne manquera plus que la signature de Barack Obama.

Je reçois, à titre d'information, une copie de l'avis de la CDAPH. Le secrétaire, les dispenses de travaux pratiques et de sport sont bien là, mais il y a manifestement une erreur dans la mention du tiers-temps. J'appelle l'Inspection et, à force d'insistance, j'obtiens qu'on me passe le service médical. « Ne vous inquiétez pas, me répond-on. C'est un raté de l'ordinateur, on a oublié de cocher certaines cases. Vous n'avez qu'à barrer vous-même ce qui ne convient pas. » Curieuse manière de procéder…

Quelques jours plus tard, la décision du SIEC arrive. À mon grand soulagement, le tiers-temps y figure en bonne et due forme, mais cette fois, c'est la dispense d'éducation physique qui manque. Je

1. Commission des droits et de l'autonomie des personnes handicapées. Elle se prononce sur l'orientation des personnes handicapées, le choix des établissements susceptibles de les accueillir, les aides administratives et financières auxquelles elles peuvent prétendre.

2. Service interacadémique des examens et concours, souvent dénommé Maison des Examens.

reprends mon téléphone. « Mais ne vous inquiétez pas, évidemment, votre fils est bien dispensé de sport, c'est juste un problème avec nos ordinateurs ! » Ce document est tout de même la notification officielle des aménagements accordés à Thomas : j'aurais préféré qu'il soit complet. Mais comme les épreuves se déroulent dans son lycée, où il est bien connu, je ne m'inquiète effectivement pas trop et j'en reste là de mes démarches. On verra bien.

Le jour de l'épreuve de sport, je reçois un appel de la secrétaire du lycée : Thomas ne s'est pas présenté pour courir le cent mètres. Tout le monde est au courant de sa situation et les professeurs sont bien embarrassés de m'annoncer la mauvaise nouvelle : comme ils n'ont aucune trace administrative de sa dispense, ils sont obligés de lui mettre zéro. Je l'aurais parié. Tout est informatisé et quelqu'un, dans un bureau reculé d'un lointain service administratif, a oublié de cocher une case. Malgré mes alertes, personne n'a pris la peine de réparer l'erreur. L'aberration s'est propagée d'étape en étape jusqu'à aujourd'hui et c'est Thomas, une fois de plus, qui en fait les frais. Bien sûr, après quelques courriers, tout rentrera dans l'ordre… J'hésite entre rire et pleurer.

La question des auxiliaires de vie scolaire

Le choix des auxiliaires de vie scolaire est un point essentiel et particulièrement délicat de l'entrée de Thomas en classe préparatoire. La MDPH lui a attribué trente-deux heures d'accompagnement par semaine au sein du lycée. Vingt-cinq suffiraient, mais je découvre à cette occasion que le système ne propose aux élèves que des forfaits de vingt, trente-deux ou quarante et une heures hebdomadaires. Cela facilite, paraît-il, la rédaction des contrats de travail des AVS. Mais ce parti pris ne se fonde nullement, me semble-t-il, sur une analyse des besoins des enfants : en particulier, aucun de ces quotas horaires ne correspond au temps de classe le plus banal, celui d'un élève de primaire, qui est de vingt-quatre heures par semaine.

Outre l'assistance, les soins et la protection que ces auxiliaires de vie devront apporter à Thomas, il faudra qu'ils puissent écrire à sa place, c'est-à-dire prendre les cours et noter sous sa dictée ses exercices et ses devoirs. À ce niveau, cela nécessite une grande familiarité avec l'écriture des mathématiques, des sciences physiques et de l'informatique, une bonne connaissance des formules et des symboles et, pour cela, le niveau du bac est insuffisant. Sophie, qui a été l'AVS de Thomas pendant les quatre dernières années, a été un soutien sans faille pour lui comme pour nous pendant tout ce temps. Je lui confie Thomas sans la moindre inquiétude : il est en sécurité avec elle, elle veille sur son confort physique, son travail scolaire et son équilibre psychologique avec une attention admirable. Elle nous a épaulés durant ses années de collège, si éprouvantes sur le plan médical. Elle est devenue une amie et j'aimerais qu'elle continue à s'occuper de Thomas. Mais elle a fait des études économiques et non scientifiques et a souffert pendant cette année de terminale. Elle a courageusement et efficacement rempli sa mission et va tenir le crayon à la place de Thomas jusqu'aux épreuves du baccalauréat, dans toutes les disciplines, mais elle se déclare incompétente à l'accompagner au-delà.

Il faut donc trouver des personnes dotées d'un solide bagage scientifique qui acceptent ce poste précaire et peu rémunéré. Consciente que cela va être difficile, l'enseignante référente me conseille de chercher moi-même des candidats, pour les faire ensuite embaucher par l'Inspection académique. Pendant toute l'année de terminale, je prospecte. Spontanément, Martine, la mère du parrain de Thomas, se propose. Normalienne et agrégée de sciences physiques, elle vient de prendre sa retraite. Très énergique, elle craint le manque d'activité. Elle est enthousiasmée par le projet de Thomas et désire y prendre part. Mais compte tenu de ses propres contraintes, elle ne pourra pas assurer la totalité de son accompagnement : il faudrait lui trouver un « binôme ». Quelques semaines plus tard, Jacques, un ingénieur polytechnicien lui aussi à la retraite, se déclare partant. L'équipe est constituée, il ne reste qu'à la faire recruter de manière officielle. J'ai sous-estimé la rigidité et l'absurdité du système : il me reste un dernier combat à mener contre les instances de l'administration de l'Éducation nationale, sans doute le plus violent, le plus long et le plus éreintant de toute la scolarité de Thomas.

Toute contente d'avoir trouvé deux personnes acceptant d'être les AVS de Thomas, j'en informe l'enseignante référente, qui leur indique comment postuler pour être engagées par l'Inspection. Fin juin, alors que Thomas termine ses épreuves du baccalauréat, l'affaire semble entendue : leurs CV sont envoyés, le service de recrutement des AVS prévenu des besoins particuliers de Thomas, et il est clair pour tous que Jacques et Martine vont être embauchés et affectés auprès de lui. Pourtant, quelques jours après un entretien avec des représentantes de l'Inspection, Jacques m'adresse un mail lapidaire : on vient de l'appeler pour lui demander de retirer sa candidature, car un ingénieur centralien a été recruté pour accompagner Thomas trente-deux heures par semaine. On lui a laissé entendre que nous étions à l'origine de ce changement inopiné, et il en est à juste titre blessé. Je bondis : je ne suis au courant de rien ! Après plusieurs coups de fil, je finis par comprendre que Pôle Emploi[1] a adressé à l'Inspection un monsieur d'une cinquantaine d'années, diplômé de l'École centrale, et qu'un entretien téléphonique avec l'enseignante référente a suffi à l'engager en lieu et place de Martine et Jacques. En effet, m'explique-t-on, les contrats des AVS ne peuvent être rédigés que sur la base de forfaits hebdomadaires

1. À cette époque, les AVS sont recrutés de préférence, voire uniquement, auprès de cet organisme, de manière à faciliter la réinsertion des demandeurs d'emploi.

de vingt, trente-deux ou quarante et une heures. Embaucher Martine et Jacques pour une douzaine d'heures chacun, comme nous l'avions envisagé, est juridiquement impossible. Le centralien assistera Thomas pendant ses vingt-cinq heures de classe, et pendant les heures surnuméraires, on l'enverra s'occuper d'un autre élève. Comme me l'indique l'inspectrice – supérieure hiérarchique de l'enseignante référente – « on n'affecte pas une personne à un enfant, simplement des heures ». Chaque élève handicapé a pourtant besoin d'une aide bien spécifique, qui ne saurait se mesurer exclusivement en volume horaire…

Je suis perplexe : un centralien de cet âge qui accepte un travail payé moins de huit cents euros par mois, cela ne paraît pas très habituel. J'aimerais connaître ses raisons mais l'enseignante référente me dit que s'il a bien évoqué, au téléphone, de « graves problèmes personnels », elle « n'a pas voulu être intrusive » en lui posant davantage de questions. Il m'aurait pourtant paru assez naturel de s'enquérir de ses motivations et de son passé avant de lui confier un jeune garçon mineur, handicapé, vulnérable et extrêmement fragile. Apparemment, personne à l'Inspection n'a jugé cela utile.

Je demande à le rencontrer pour lui présenter Thomas. La règle l'interdit : les parents n'ont pas à avoir de contact avec l'AVS. Quand je signale à l'inspectrice l'extrême fragilité de Thomas, qui nécessite de s'occuper de lui d'une manière bien spécifique, que je suis la seule, avec Paul, à pouvoir décrire au futur AVS, elle refuse de m'écouter. Selon elle, on touche au secret médical. L'AVS n'a pas à connaître la pathologie de Thomas : il ne faut pas lui dire qu'il est fragile. Ce n'est pas la première fois que je suis confrontée à ces théories idiotes mais, jusqu'ici, j'ai toujours obtenu de passer un moment avec l'AVS avant la rentrée, notamment pour lui montrer en détail les gestes à faire ou à éviter. Cette fois-ci, c'est Sophie qu'on sollicite, à mon insu, pour qu'elle passe le relais à son successeur. Choquée du procédé, elle refuse, au motif que son contrat prévoit une clause de confidentialité lui interdisant de transmettre la moindre information concernant Thomas. L'enseignante référente me demande alors « qui, au lycée Hoche, est susceptible de former l'AVS aux soins à donner à Thomas ». C'est aberrant : Thomas est attendu avec bienveillance à Hoche, mais n'y est pas encore élève. Il n'y est pas connu : personne n'y est donc en mesure de donner le moindre conseil au futur AVS.

Comme tant de fois par le passé, je déplore sans la comprendre l'obstination des services administratifs à tenir les parents à l'écart du système. Nous n'avons pas le droit de décider de l'orientation de notre enfant ni de donner notre avis sur ses besoins. Nous ne sommes associés ni au recrutement ni à la formation des AVS, n'avons pas le droit de les rencontrer avant la rentrée, nos échanges avec eux doivent être limités et, en principe, n'avoir lieu qu'en présence des enseignants ou du directeur de l'établissement. Que craint-on donc ? Est-il indispensable de solliciter la présence d'un tiers pour dire à la personne à qui on confie son enfant qu'il est enrhumé et qu'il faut lui mettre son gilet à la récréation ? Quelle image les autorités de l'Éducation nationale se font-elles des parents d'enfants handicapés pour les infantiliser ainsi, les considérer comme inaptes à prendre des décisions pour leur enfant, et les tenir le plus éloignés possible de sa vie quotidienne à l'école ? Au fil des années, j'ai recueilli des bribes de réponse à ces questions. Nous serions trop malheureux pour garder un semblant de lucidité, nous n'aurions pas une vision objective de notre enfant, nous souffririons trop pour être capables de communiquer sereinement avec la personne qui s'en occupe en classe. Cette explication me révolte. Thomas est malade et, oui, j'en souffre. Cela me regarde. Mais je suis une adulte, je jouis de l'ensemble de mes facultés et de mes droits et rien ne permet de me soupçonner d'être incapable de remplir mes obligations de parent. Elles consistent, entre autres, à accompagner mon enfant dans ses choix d'orientation et à m'assurer de son bien-être matériel et physique. Je sais qu'il est intelligent et peut tirer un immense bénéfice de ses études, je sais aussi qu'il est fragile et a des besoins spécifiques, que je suis la mieux placée pour évaluer et décrire. Et on me traite comme si j'étais irresponsable ! Combien de fois ai-je entendu ces phrases assassines : « elle n'a pas fait son deuil », « elle est dans le déni ». Qui sont ces prétendus psychologues qui me parlent de deuil ? Que savent-ils de ce que j'ai vécu et, si j'en suis à penser à l'avenir de Thomas, surmonté ? Quant au « déni », je ne sais si le terme me fait rire ou pleurer. Comme beaucoup de mamans d'enfants malades, je soigne Thomas tous les jours ; je suis le premier témoin de ses besoins et de ses souffrances. Ses douleurs et sa dépendance font mon quotidien. Personne, sinon lui, ne sait mieux que moi ce qu'il vit. Si quelqu'un ne peut pas être dans le déni, c'est bien moi… Suis-je pour autant incompétente à l'élever ? L'Éducation nationale est-elle autorisée à en juger ? Est-elle plus apte que moi à prendre les bonnes décisions pour lui ? Le déroulement de la scolarité de Thomas ne me laisse aucun doute : la réponse à ces trois questions est non. Quel dommage qu'au lieu d'unir nos forces complémentaires pour le bien des enfants, nous soyons au contraire si souvent en lutte les uns contre les autres !

Scandalisée par ces procédés, je suis aussi aux abois. On manœuvre dans notre dos pour dissuader Jacques et Martine de postuler et pour nous imposer un autre AVS. On me refuse toute information ou garantie sur la personne à qui je vais confier Thomas et on m'interdit absolument de la rencontrer. On m'évince de la « formation » de ce nouvel AVS alors que le bon sens comme la loi font de moi la seule personne apte et habilitée à le préparer à son poste. Pourquoi l'Inspection tient-elle tant à le recruter, lui, plutôt que Martine et Jacques ? Pourquoi nous le cache-t-on ? Thomas a besoin d'une aide réelle et fiable, pas seulement d'heures ! J'ai peine à croire à ce qui est en train de se produire tant c'est invraisemblable.

Début juillet, les résultats du baccalauréat sont publiés. Thomas l'obtient, à quatorze ans et demi, avec la mention « très bien » et une moyenne générale de 18,97 sur 20. Monsieur C., son kinésithérapeute, a anticipé ce beau résultat : il a contacté des journalistes d'une chaîne de télévision. Un très joli reportage sur le brillant succès de Thomas obtenu malgré toutes les difficultés inhérentes à sa maladie est diffusé au journal de vingt heures. J'en ai averti mes amis, bien sûr, mais aussi mes divers correspondants administratifs. L'inspectrice le voit et s'affole : « Mais alors, Thomas est vraiment handicapé ! » s'exclame-t-elle devant un membre d'une commission de la MDPH. Ses services suivent le dossier de Thomas depuis qu'il est entré à la maternelle il y a onze ans. Mais personne à l'Inspection n'a jamais rencontré Thomas : les décisions sont toutes prises en fonction des formulaires ineptes que nous remplissons chaque année. C'est seulement en voyant mon fils à la télévision que l'inspectrice prend conscience de son état. Belle illustration de l'inefficacité de ce mode de fonctionnement !

J'ai beau remuer ciel et terre, la situation reste bloquée. L'AVS se présentera début septembre au lycée Hoche, personne ne le verra avant la rentrée. Le proviseur du lycée semble aussi décontenancé et inquiet que moi. Il m'assure que dès que l'AVS se sera annoncé, il organisera une rencontre. Nous partons en vacances sans avoir rien obtenu de plus. Pendant l'été, le docteur B., toujours très attentive à la scolarité de Thomas, écrit à l'Inspection pour rappeler son état de santé et les très grandes précautions qu'il impose. Certaines personnalités politiques locales tentent aussi d'intervenir, en pure perte : de mi-juillet à mi-août, l'Inspection est fermée. Thomas fait des exercices de mathématiques et s'initie à l'informatique pour se préparer à sa rentrée, pendant que je me ronge les sangs.

Chronique d'une rentrée mouvementée

Samedi 31 août. En cette matinée ensoleillée, Paul et moi arpentons avec Thomas les couloirs du lycée Hoche. Cet ancien cloître du XVIIIe siècle a été rénové ces dernières années, ses pierres ont retrouvé toute leur fraîcheur et il s'est au passage doté de tous les ascenseurs et plans inclinés indispensables à l'accès d'élèves en fauteuil roulant. J'ai peine à reconnaître les murs grisâtres, les salles poussiéreuses et les recoins obscurs qui ont abrité ma propre scolarité il y a vingt-cinq ans. Aujourd'hui, les bâtiments sont propres, clairs et lumineux, mais n'ont pour autant rien perdu de leur caractère. J'y ai déjà fait une incursion il y a quelques jours avec Pierre, qui s'apprête à y entrer en classe de seconde. J'envie presque mes enfants des années qu'ils vont passer dans ces lieux majestueux.

Mais l'heure n'est pas à l'introspection, ni aux souvenirs, ni même à la visite : nous avons rendez-vous avec l'AVS. Tout l'été, nous avons attendu ce moment. Nous y sommes enfin. De loin, nous voyons arriver un monsieur avec le proviseur. L'AVS marche péniblement avec deux béquilles. Je fronce les sourcils. Pour assurer l'aide d'une personne en fauteuil, il est préférable d'être soi-même solide sur ses deux jambes… Le proviseur nous emmène dans une salle de classe. Nous nous y installons pour faire connaissance. Les premiers contacts ne sont pas très encourageants : l'AVS entend manifestement très mal et ne voit guère mieux. Je lui explique à quel point Thomas est fragile, je lui montre les gestes à faire et les précautions à prendre pour éviter autant que possible les fractures. Il ne me pose qu'une seule question : de quelle couleur devra-t-il écrire dans les cahiers ? Il n'est plus question de l'École centrale, tout au plus aurait-il fait une classe préparatoire. Nous ne saurons rien de plus sur lui, ni sur ce qu'il a fait pendant la trentaine d'années qui s'est écoulée depuis. C'est un peu léger comme références… Apparemment, l'Inspection n'est pas très pointilleuse dans son recrutement. Je quitte le lycée déconfite : nous avons proposé deux personnes fiables et compétentes pour accompagner

Thomas, pourquoi l'Inspection nous impose-t-elle cet AVS qui, j'en ai bien peur, n'est pas en mesure de l'assister efficacement ?

Lundi 2 septembre. La réunion de prérentrée rassemble les équipes du lycée – enseignants, proviseur, infirmière, personnels d'encadrement – ainsi que l'AVS, le kinésithérapeute de Thomas, et moi. L'infirmière et la surveillante générale découvrent avec effarement que l'AVS tient à peine debout. Monsieur C. présente en détail l'état médical de Thomas et son immense fragilité. Tout le monde semble très conscient de la gravité des enjeux. Tout le monde, sauf l'AVS : sa seule question, aujourd'hui, est de savoir s'il sera rémunéré en cas d'absence de Thomas. Plus grave, cette réunion me donne l'occasion de constater qu'il n'entend strictement rien. Samedi, nous avons discuté face à face et, en me voyant parler, il semblait suivre à peu près la conversation. Mais dans un groupe, il est complètement perdu. Comment Thomas, assis à côté de lui en classe, qui ne peut pas hausser la voix à cause de son insuffisance respiratoire, ni lui taper le bras puisqu'il peut à peine bouger, ni se tourner vers lui avec son corset qui l'immobilise du bassin jusqu'à la tête, pourra-t-il attirer son attention en cas de besoin, ou lui dicter quoi que ce soit ?

Le proviseur appelle l'inspectrice : elle dit ignorer que l'AVS utilise des béquilles et qu'il est malentendant. Elle a délégué son embauche à l'enseignante référente, qui s'est contentée d'un entretien téléphonique « sans questions intrusives ». Quoi qu'il en soit, elle vient de signer son contrat et l'affaire est conclue : c'est lui qui accompagnera Thomas. Le proviseur n'a pas plus que nous voix au chapitre, malgré toutes les réserves qu'il émet.

J'étais sceptique samedi. Aujourd'hui, je suis très inquiète. Non seulement cet AVS va probablement être un frein plus qu'une aide à la scolarité de Thomas, mais entre ses béquilles et sa surdité, il n'est manifestement même pas capable de garantir sa sécurité. Il le met même en danger. Le proviseur partage apparemment ce sentiment : il affecte un surveillant à toutes les entrées et sorties de cours de Thomas, pour veiller à ce qu'il ne soit pas bousculé et aider l'AVS à tenir les portes de l'ascenseur. Mais il va de soi que si Thomas a un AVS, ce n'est pas pour qu'on ajoute un surveillant dédié !

Mardi 3 septembre. Le téléphone sonne. Le médecin scolaire a été informé de la situation par le lycée. « L'AVS est sûrement très bien, ne vous inquiétez pas, tout va s'arranger. Thomas ne peut vraiment pas marcher du tout ? Parce que s'il pouvait aller aux toilettes tout seul, ça serait plus simple ! » Eh oui, s'il n'était pas malade et handicapé, ça faciliterait beaucoup de choses. Je me sens très fatiguée…

Mercredi 4 septembre, rentrée scolaire. On m'a demandé, par prudence, d'assister à la matinée en classe. Cela a été fort instructif : l'AVS est incapable de se débrouiller, cogne le fauteuil de Thomas dans les portes sans même s'en rendre compte, n'arrive pas à se caser avec lui dans l'ascenseur, Thomas a peur… Il n'entend rien, Thomas est obligé de crier, l'AVS répond sur le même ton, le cours s'interrompt… Les professeurs se plaignent : ils ne peuvent pas faire cours dans ces conditions. Seule l'inspectrice semble satisfaite de cette situation : elle m'a laissé un message pour me dire que puisque les surveillants s'occupent d'aider Thomas dans les couloirs, il ne court aucun risque, et que tout va bien se passer. « Faites une bise à Thomas pour moi », conclut-elle de manière curieusement inappropriée.

Le proviseur proteste aussitôt : dans cet établissement de plus de deux mille cinq cents élèves, il ne peut pas consacrer un surveillant à Thomas, il en a besoin ailleurs. Il lui rapporte les doléances des professeurs quant au fait que, par ailleurs, l'AVS n'entend pas. L'inspectrice insinue que refuser cet AVS, qui tient difficilement debout et est sourd, serait passible de poursuites pour discrimination à l'égard d'une personne handicapée. Je reste sans voix.

L'inspectrice me rappelle. J'insiste sur la question essentielle, celle de la sécurité de Thomas. Sur le calepin qui me sert d'aide-mémoire dans ce genre d'entretiens téléphoniques, je note mot à mot sa réponse : « Certes cette solution n'est pas celle qui minimise les risques pour Thomas, mais nous avons respecté les procédures, donc tout le monde est couvert juridiquement. » On peut me le rendre en mille morceaux ou même mort, pas grave, ils sont assurés !

J'ai désormais l'impression d'assister à un sabotage délibéré des projets de Thomas : je suis furieuse. Tout notre entourage suit le feuilleton avec attention. Martine et Jacques sont désolés. Puisque l'Inspection refuse catégoriquement de les recruter, je propose de les embaucher moi-même, mais on nous objecte qu'il est interdit qu'un enfant handicapé soit assisté au sein d'un établissement scolaire par une personne employée par sa famille. Ils offrent généreusement d'aider Thomas au lycée à titre bénévole, sous la forme, quelle qu'elle soit, qui conviendrait à l'inspectrice, par exemple en tant que membres d'une association de son choix, à laquelle ils sont prêts à adhérer. Elle s'y oppose : personne n'a le droit d'accompagner un élève handicapé en classe, si ce n'est son AVS officiellement envoyé par l'Inspection. Je m'agite tous azimuts : Inspection, Rectorat, hommes politiques, administrations, associations de personnes handicapées ou de parents d'élèves, je frappe à toutes les portes pour trouver des conseils et des soutiens. Il n'y a rien à faire : l'inspectrice en fait manifestement une affaire personnelle. En cette période de rentrée scolaire, j'entends aux informations télévisées des histoires de parents d'enfants handicapés qui entament des grèves de la faim ou montent sur des grues pour faire plier l'administration, et je comprends qu'ils ont probablement épuisé sans succès tous les recours, comme moi aujourd'hui. Vais-je devoir, en désespoir de cause, alors que ce type d'action d'éclat m'est entièrement étranger, en arriver à de telles extrémités ?

Jeudi 4 septembre, vingt et une heures. Coup de théâtre : le kinésithérapeute de Thomas se fâche. Tout rouge. Et là, fini de plaisanter. Il a rencontré l'AVS lundi, attentivement écouté ce que Thomas lui a raconté de ses deux premiers jours de classe, et il est consterné de l'inefficacité de mes démarches. Il m'informe qu'il vient d'envoyer un mail au proviseur – qui n'est en rien responsable de la situation, mais qui est notre seul interlocuteur, puisque l'inspectrice ne m'a jamais donné ses coordonnées. Il m'en adresse une copie : c'est musclé. Il déclare qu'en tant de professionnel de santé, il a constaté que l'AVS, malgré sa bonne volonté, n'est pas apte physiquement à s'occuper de Thomas. Monsieur C. soigne Thomas depuis des années en faisant son possible pour limiter le nombre et la gravité des fractures et s'indigne à l'idée que son travail de rééducation puisse être compromis par un accident provoqué par un blocage administratif absurde. Il estime qu'il y a mise en danger de la vie d'autrui, délibérée de la part de l'Inspection puisqu'elle a été parfaitement avertie des risques. Son éthique professionnelle l'oblige à intervenir, faute de quoi il se rendrait lui-même coupable de non-assistance à personne en danger. Il annonce donc que, dès lundi, il ira alerter le Recteur de cette situation « délirante » et que, dans la foulée, il recontactera les médias nationaux, comme il l'a déjà fait en juillet. Tout ce petit monde a vu le reportage sur Thomas sur TF1 et sait donc qu'il ne bluffe pas : il est réellement en relation avec des journalistes.

Vendredi 5 septembre. Le mail de Monsieur C. a probablement circulé. Quand je dépose Thomas à Hoche, les couloirs du lycée sont étrangement calmes. Mais c'est le branle-bas dans les bureaux de la direction, et sans doute aussi à l'Inspection. L'inspectrice m'appelle en fin de matinée :

– J'ai trouvé la solution. Je vais recruter Madame B. et Monsieur R. – Martine et Jacques – sous un statut d'enseignants. De cette manière, je ne serai plus bloquée par les questions de forfaits horaires. Ils seront en poste dès lundi.

– Je vous remercie. Je suis très soulagée : cette organisation me paraît bien plus conforme aux besoins de Thomas.

– Une dernière chose, quand même, Madame Mordant : calmez votre kiné.

– Je vous demande pardon ?

– Vous m'avez très bien comprise. Et vous, arrêtez d'envoyer des mails.

Comment ose-t-elle me parler ainsi ? Mais peu importe : Monsieur C. a obtenu gain de cause, et ma candeur en prend un coup. La menace de médiatiser cette lamentable affaire est le seul argument qui a porté, c'est affligeant… Thomas a crié de joie quand je lui ai annoncé, dans la voiture, qu'il allait changer d'AVS. Pauvre bonhomme, il a passé une bien mauvaise semaine…

Lundi 9 septembre. Nouveau rebondissement. L'inspectrice a changé d'avis pendant le week-end. Pourquoi ? Mystère. En tout cas, aujourd'hui, elle n'envisage plus de recruter Martine et Jacques : « ça ne rentre pas dans son cadre administratif ». Elle veut à tout prix maintenir son AVS. Et elle se plaint du travail que je lui donne. Thomas pleure en disant que tout est de sa faute. Et je perds pied.

Mercredi 11 septembre. Enfin de bonnes nouvelles ce soir, grâce à Jacques. Il avait prévu de faire une douzaine d'heures, en partageant avec Martine qui en aurait fait autant, mais devant l'impasse dans laquelle il nous voyait, il a eu le très beau geste de s'engager pour vingt heures, ce qui rentre dans les cases de l'inspectrice et couvre à peu près le temps de classe de Thomas. Il a donc signé son contrat aujourd'hui et prend ses fonctions demain. On lui a juste un peu fait la guerre pour s'assurer qu'il avait son bac – son diplôme de Polytechnique ne suffisait pas à convaincre l'inspectrice. L'AVS qui accompagnait Thomas ces derniers jours a été officiellement congédié aujourd'hui. Plus d'une semaine après la rentrée, Thomas va enfin pouvoir commencer à travailler sereinement : je respire.

Un combat administratif de longue haleine

Si l'urgence a été traitée, un problème de fond persiste. L'inspectrice ayant catégoriquement refusé de partager l'accompagnement de Thomas entre deux AVS, Jacques s'est dévoué pour assurer la totalité des heures au lycée, ce qui est plus lourd que ce qu'il avait envisagé initialement. Il a été recruté pour vingt heures par semaine, mais ce n'est pas tout à fait suffisant et je dois souvent aller moi-même en classe avec Thomas pour compléter. Martine, de son côté, vient assister Thomas à la maison pour tous les devoirs surveillés et une partie de son travail personnel, sans aucun lien administratif avec l'Inspection ni le lycée. C'est moi qui l'embauche à titre privé, comme auxiliaire à domicile. Son rôle est essentiel, mais il n'a aucune existence officielle. Pour l'enseignante référente, c'est bien normal, puisqu'« il est interdit aux enseignants de donner du travail écrit à faire à la maison ». Les professeurs de classes préparatoires – et leurs étudiants – apprécieront. Je constate une fois de plus avec amertume à quel point le système prévu pour les élèves handicapés est inadapté à ce niveau d'études, et la méconnaissance qu'ont les différents intervenants des besoins desdits élèves.

Cette organisation va durer toute la première année de classes préparatoires, alors qu'elle n'est pas optimale : les deux auxiliaires travaillent de manière disjointe au lieu de faire équipe, et c'est trop contraignant pour Jacques. Je ne comprends pas qu'on ne puisse pas adapter le volume horaire aux besoins de l'élève et qu'on reste coincés dans un carcan administratif qui n'a aucun sens pédagogique. La solution parfaite, pour Thomas, serait que Martine puisse être aussi embauchée par l'Inspection, afin que les deux AVS se répartissent les journées de travail au lycée, les contrôles que Thomas fait à la maison, et les disciplines, en fonction de leurs préférences et de leurs disponibilités. Mais je ne sais pas comment l'obtenir : mes courriers au Directeur académique[1] restent sans réponse.

1. Directeur académique des services de l'Éducation nationale, échelon hiérarchique le plus élevé de l'Inspection d'académie.

Lors de la réunion annuelle de l'équipe pédagogique, nous retrouvons Madame O., l'enseignante référente qui a suivi la scolarité de Thomas pendant ses années de collège. Elle me laisse entendre que les difficultés rencontrées à la rentrée risquent de se présenter à nouveau en septembre prochain pour l'entrée en « mathématiques spéciales » : l'Inspection cherche déjà à recruter un autre AVS pour Thomas. « Il va falloir vous battre, me prévient-elle – mais vous avez l'habitude. » La perspective que Thomas, à quelques mois de son concours, ait à revivre une rentrée aussi cauchemardesque m'est insupportable. Début février, je sollicite l'aide du Défenseur des droits[1]. Je dépose, un peu au hasard, un message sur le site Internet de cet organisme et à ma grande surprise, la déléguée locale me reçoit le jour même. S'assurer que les élèves handicapés soient scolarisés et passent examens et concours dans des conditions équitables est une de ses missions, et elle lui tient manifestement à cœur.

1. Autorité constitutionnelle indépendante, totalement autonome, chargée de défendre les personnes dont les droits ne sont pas respectés et de permettre l'égalité de tous dans l'accès aux droits. Elle peut être saisie directement et gratuitement par toute personne physique ou morale.

Depuis des mois, on ne nous présente le problème que sous l'angle des quotas horaires imposés par les contrats de travail des AVS. Sous cette forme, il est insoluble. La déléguée change de perspective : le premier enjeu du recrutement d'un AVS, c'est d'aider un élève handicapé, pas de réinsérer un chômeur. Plutôt que de prendre ces contrats comme point de départ, elle pose d'abord la question des besoins et des droits de Thomas. Son emploi du temps nécessiterait vingt-cinq heures d'AVS et la MDPH lui en a même attribué trente-deux. Or à ce jour, le seul AVS officiel est Jacques, qui l'assiste vingt heures par semaine. Ses besoins ne sont donc pas correctement pris en compte et ses droits ne sont pas respectés. Après avoir instruit ma demande, les services du Défenseur des droits écrivent à l'Inspection : les contrats de droit public n'imposent pas de limite inférieure du temps de travail. Cette limite de vingt heures ne s'applique qu'aux « contrats uniques d'insertion[1] », dont Jacques et Martine ne relèvent pas. Il est donc tout à fait possible, légalement, de les embaucher

1. Contrats destinés à « faciliter l'embauche de personnes dont les candidatures sont habituellement rejetées » (source : site Internet de Pôle Emploi).

chacun pour une douzaine d'heures. L'Inspection ne répondra jamais à ce courrier.

En mai, Martine et Jacques postulent pour la rentrée suivante, demandant chacun un temps de travail hebdomadaire de douze heures. À Jacques, on répond que son contrat de vingt heures sera reconduit. L'inspectrice envoie une lettre à Martine pour refuser sa candidature, au motif qu'un contrat de douze heures est impossible. Je joins ces éléments au dossier de Thomas auprès du Défenseur des droits.

Les services du Défenseur des droits relancent l'Inspection et, mi-juin, reçoivent une lettre peu claire, affirmant que le problème de Thomas est totalement résolu depuis septembre dernier et que ses magnifiques résultats scolaires témoignent de la bonne organisation en place. L'Inspection a l'audace de s'attribuer le mérite des succès de Thomas ! Quoi qu'il en soit, elle ne répond pas à la question, puisque Thomas ne bénéficie pas des trente-deux heures d'accompagnement auxquelles il a droit, ni même des vingt-cinq dont il a besoin, et qu'elle ne fournit aucune justification juridique des quotas horaires qu'elle applique. Le Défenseur des droits lui écrit donc une troisième fois et insiste de manière précise et ferme.

La Médiatrice de l'Éducation nationale, que Martine a saisie de son côté, s'ajoute dans le dispositif qui défend notre dossier et, mi-juillet, l'Inspection cède enfin : Martine et Jacques seront recrutés en septembre pour accompagner Thomas, pour son année de « mathématiques spéciales ».

J'ai passé l'année scolaire entière à batailler pour obtenir cela. Comment se fait-il qu'il ait fallu que tant de personnes se mobilisent et déploient une telle énergie pour que Thomas puisse bénéficier d'une organisation à laquelle il avait droit, qui était matériellement possible et moins coûteuse pour l'Inspection, et qui, si un service, et plus précisément une fonctionnaire, avaient fait preuve d'un peu de bon sens ou de bonne volonté, aurait été en place dès le premier jour ?

En classe préparatoire

Quelques minutes avant treize heures. J'attends Thomas devant sa salle de classe. Il vient d'assister à quatre heures de cours et a enchaîné avec une colle. Il est seul dans la pièce avec l'examinateur et Jacques. Un enseignant passe dans le couloir. Je l'aborde : il interroge régulièrement Thomas en colle de mathématiques mais je n'ai jamais eu l'occasion de lui parler. Il est réputé froid et sévère et les étudiants le craignent. Cet ancien élève de l'École normale supérieure a pris l'initiative d'appeler un de ses collègues qui y enseigne pour s'informer de la façon dont Thomas pourrait y être accueilli. Je l'ai appris par hasard et je tiens à le remercier de sa démarche.

– Le concours, il n'y a aucune raison que Thomas ne le réussisse pas. L'École saura prendre en compte sa situation pour organiser les épreuves écrites aussi bien que les oraux. Il a toutes ses chances et j'espère vraiment que ça va marcher.

Mais là n'est pas la question. À l'École, dans mon souvenir, rien n'est accessible en fauteuil roulant. Et ce serait désolant que Thomas ne puisse pas y profiter pleinement de sa scolarité. J'ai appelé mon ancien camarade pour le prévenir. Il faut que l'École se prépare à recevoir Thomas comme il le mérite.

Cet homme réservé s'anime et me dit avec vivacité tout le bien qu'il pense de Thomas, de ses capacités en mathématiques, bien sûr, mais aussi de son courage et de sa volonté. Le concours de Normale Sup', pour moi, tient un peu du mythe. Je rêve du succès de Thomas mais n'ose y croire. Mon horizon se limite aux épreuves : après, on verra bien. Ce professeur, lui, semble envisager le concours lui-même comme une sorte de formalité, et s'intéresse davantage à la suite. Quelle perspective exaltante !

La sonnerie nous interrompt : il est treize heures, la colle est finie. Thomas sort de la classe. Il est enchanté, c'était de l'algèbre, il adore ça, il a eu dix-huit. Rien d'inhabituel, à vrai dire. Jacques s'enthousiasme : « Il a cartonné ! Mais moi, je n'ai rien compris ! » Le couloir désert se remplit d'agitation, certains cours se terminent, d'autres commencent, et c'est la ruée vers la cantine toute proche. C'est une des raisons pour lesquelles je viens chercher Thomas jusqu'ici : pour sortir, il va falloir traverser une cohue d'adolescents affamés et Jacques ne suffira pas à le protéger. Mais ses camarades sont là : quatre grands gaillards nous tiennent les portes battantes pendant que quelques jeunes filles nous escortent en écartant les petits collégiens. Thomas rit de la joyeuse haie d'honneur qui lui est ainsi faite. Un de ses amis plaisante : « La prochaine fois, on apportera des trompettes ! »

Retour à la maison. Monsieur C. vient assurer la séance de kinésithérapie quotidienne. Elle est indispensable pour aider Thomas à détendre son corps endolori après cette longue matinée dans son corset et dans son fauteuil. « Alors, cette colle ? Et ton bras, ça va mieux depuis hier, tu as moins mal ? La douleur ne t'a pas trop gêné pour conduire ton fauteuil ? » Pendant que Monsieur C. mobilise patiemment chaque partie du corps de Thomas, les blagues, plus ou moins subtiles, fusent : ce moment sert aussi de récréation. « À demain, même heure ? » Sitôt Monsieur C. parti, Thomas se remet au travail. Il s'y consacre avec énergie et détermination, et il en tire de grandes satisfactions. Alors que d'aucuns décrivent ces années de classes préparatoires comme un enfer, Thomas ne paraît pas épuisé. Il aime les disciplines qu'il étudie, les mathématiques bien sûr, les sciences physiques, et l'informatique qu'il considère comme un jeu. Les cours et les devoirs l'intéressent, l'amusent même souvent. L'ambiance est studieuse et les professeurs exigeants, certes, et Thomas ne s'octroie guère de distraction, se plie à une discipline de vie stricte pour pouvoir supporter les efforts que l'on attend de lui sans mettre en péril sa santé toujours précaire, mais il ne semble pas en souffrir outre mesure. Il sait se divertir d'un rien, se détendre en quelques minutes après un devoir pour se remettre à l'ouvrage presque aussitôt. Alors qu'on pouvait craindre qu'il ne résiste pas à un rythme de travail intensif, au contraire, il est très épanoui et souriant. Il est ambitieux, aussi, il veut réussir le concours de Normale Sup' qui, depuis le premier jour, est son objectif, et cela le porte.

Ses enseignants font preuve d'un dévouement admirable pour que Thomas puisse, comme les autres élèves, mais avec des contraintes bien plus grandes, bénéficier d'une préparation efficace et rigoureuse. Ils disent ne faire en cela que leur travail et cela leur fait honneur. La gentillesse et la prévenance de ses camarades m'émeuvent : ils lui communiquent leurs notes de cours, l'associent à la vie de la classe, veillent à ce que les horaires des différentes activités lui conviennent, prennent contact régulièrement avec moi pour des questions pratiques. Thomas, c'est un peu leur mascotte. Ils font ce qu'ils peuvent pour l'aider et je ne vois jamais trace de cette rivalité entre étudiants qu'on soupçonne parfois dans ce milieu. Ces jeunes gens semblent n'avoir aucun préjugé sur le handicap et les relations qu'ils entretiennent avec Thomas sont toujours spontanées et justes. Ils admirent ses qualités intellectuelles et je crois qu'ils prennent exemple sur sa volonté et son courage : la surveillante générale me confie que, parmi les élèves qui côtoient Thomas tous les jours, les divers petits maux et crises de larmes habituels pendant ces années éprouvantes sont bien plus rares que chez les autres. Il est vrai que la dignité de Thomas, dont les souffrances physiques sont parfois évidentes, ne peut qu'inspirer le respect. Mais cela me touche que ces étudiants, très jeunes et submergés de travail, y soient sensibles.

Toutes ces marques d'intérêt, de la part des élèves autant que des enseignants, assorties d'un engagement spontané, nous encouragent à soutenir Thomas dans son projet : d'autres que nous, sans être directement concernés, en voient le bien-fondé, croient aux chances de Thomas et désirent sincèrement son succès.

Martine et Jacques, pendant ces deux années, accompagnent Thomas sans faillir. Paul et moi écrivons pour lui à la maison, secondés par Camille et Zoé, deux jeunes élèves de l'École polytechnique, qui nous font cadeau d'un peu de leur temps pour nous soulager, car le travail de Thomas occupe entièrement nos journées. Et je tiens à rendre un hommage particulier à la bonne humeur de Paul qui, après des semaines chargées au bureau, passe ses week-ends assis à la table de Thomas, écrivant de la main droite sous sa dictée, tout en mangeant de la main gauche l'assiette que je lui ai apportée, car Thomas, entièrement concentré sur ses devoirs, refuse de faire une pause pour que son père puisse déjeuner avec Pierre et moi… C'est Thomas qui étudie, qui apprend, qui réfléchit, qui pense, qui raisonne, qui démontre, qui dicte. Sa réussite, il la devra avant tout à son intelligence et à sa force d'âme. Sans ces grandes qualités, qu'il possède à un degré inhabituel, rien de ce que nous, ses parents, sa famille, ses amis, ses soignants ou ses enseignants aurions pu faire ne lui aurait permis d'atteindre un tel objectif. Mais c'est bien toute une équipe, autour de lui, qui se mobilise et assure un soutien logistique solide et de longue haleine sans lequel rien ne serait possible.

Visite d'un grand mathématicien

Octobre. Les classes préparatoires du lycée Hoche sont en effervescence. L'association des anciens élèves organise régulièrement des conférences dans l'amphithéâtre du lycée. Ce soir, c'est un orateur prestigieux qu'elle a invité : il s'agit du mathématicien Cédric Villani, distingué il y a quatre ans par la médaille Fields[1], star des mathématiques. Chacune de ses apparitions provoque des cohues. À la fin de ses exposés, il est assailli d'admirateurs réclamant des autographes. Thomas, comme tous ses camarades, rêve d'échanger quelques mots avec lui, mais je vois mal comment cela pourrait être possible dans la bousculade qui ne va pas manquer de se produire.

1. On peut considérer que la médaille Fields est l'équivalent, pour les mathématiques, du prix Nobel. Elle a la particularité de ne pouvoir être décernée qu'à des mathématiciens de moins de quarante ans.

Le président de l'association des anciens élèves n'entend pas que Thomas soit privé de la joie d'une rencontre avec ce chercheur extravagant et passionnant qu'il admire tant. Il en a parlé à Cédric Villani : très simplement, ce dernier a proposé de venir voir Thomas chez nous avant la conférence, ce qui leur permettra de bavarder au calme. Toute la famille a préparé cette visite : nous avons tous lu, nous le prêtant mutuellement entre deux chapitres, le livre[1] dans lequel Cédric Villani raconte la genèse de la découverte qui lui a valu la médaille Fields. Je n'ai pas compris un traître mot des mathématiques qu'il contient, mais j'ai retenu que Cédric Villani ne boit que du thé. La bouilloire est sur le feu et les tasses sont prêtes avant même son arrivée. Thomas tient absolument à accueillir son hôte installé dans son fauteuil plutôt qu'allongé sur son petit lit à roulettes. Aujourd'hui, après les cours de ce matin et avant la conférence de ce soir, il est disposé à battre son record de durée dans cette position qui lui est pourtant inconfortable.

L'homme à qui j'ouvre la porte est exactement celui qu'on voit dans les médias : il porte son éternelle tenue vestimentaire excentrique et

1. Cédric Villani, *Théorème vivant*, Paris, Grasset, 2012.

recherchée, le costume trois pièces et la montre de gousset, la lavallière, la broche en forme d'araignée, la coupe de cheveux au carré un peu long. Je me demande si des voisins l'ont croisé et, forcément, reconnu. Je lui propose à boire : ce sera du thé. L'homme qui engage sans attendre la conversation avec Thomas, lui, n'est pas tout à fait celui que j'imaginais. Il observe Thomas avec attention, mais sans aucune curiosité malsaine. Il s'intéresse à lui, c'est tout. Je ne remarque pas le moindre signe de hauteur dans sa façon de s'adresser à lui : alors qu'il est un prince de ce monde des mathématiques dans lequel Thomas aspire à pénétrer, il lui parle en égal. Le contenu de leurs échanges, quant à lui, m'échappe dès les premières minutes :

– Qu'est-ce que tu fais en cours en ce moment ?

– On étudie la diagonalisation des matrices.

– Tu connais le théorème de Cayley-Hamilton ? Il est magnifique. Tout endomorphisme annule son polynôme caractéristique. Et celui-là : toute matrice symétrique est diagonalisable. Je trouve ça formidable. Tu sais qu'on utilise les matrices en IRM ? Et aussi en astrophysique ?

Ils causent problème des trois corps, Henri Poincaré, PageRank, méthode de Monte-Carlo, cycloïdes, oscillations de pendules. C'est poétique, un peu surréaliste et parfaitement incompréhensible pour moi. À intervalles réguliers, je remplis la tasse de Cédric Villani qui la boit aussitôt. Il est entièrement concentré sur son dialogue avec Thomas.

– Je peux vous poser une question ? Comment répartissez-vous votre activité entre l'enseignement et la recherche ?

– Ça a beaucoup varié au cours de ma carrière. Je tiens beaucoup à enseigner, c'est très important pour moi. En ce moment, j'y consacre du temps. Mais je trouve que la recherche est plus facile à évaluer, on voit mieux ce qu'on produit.

– Dans votre livre, j'ai lu que vous travaillez en anglais dès les premières étapes de vos recherches. Pourquoi ? Est-ce que c'est toujours comme ça que ça se passe ?

– C'est pour gagner du temps parce que je sais que je publierai en anglais. Ça ne présente aucune difficulté pour l'aspect scientifique, l'anglais et le français sont interchangeables. C'est vrai aussi pour les conférences mathématiques. Mais pas pour celles destinées au grand public : quand je les donne en anglais, je perds une partie de leur contenu.

La conversation repart sur la francophonie, le latin, les langues étrangères et leurs liens avec les mathématiques. L'heure tourne et il devient évident que Cédric Villani va être en retard pour sa conférence à Hoche. Cela ne semble pas le préoccuper. Il prend le temps de dédicacer longuement son livre à Thomas : « De Cédric Villani à Thomas, en souvenir d'une rencontre versaillaise, enjouée et vaste, le récit chaotique et joyeux d'un *Théorème vivant*, et tous mes vœux ! *Keep up the good work* ! » Les courbes de sa signature se prolongent en une arabesque qui s'achève par une tête de Marsupilami. Ses camarades de l'École normale supérieure l'ont autrefois surnommé « Marsu » Villani, en jeu de mots avec son patronyme et en allusion, peut-être, à l'agilité de sa démarche et de son esprit. L'animal imaginaire est resté sa mascotte. Nous ne résistons pas à la tentation de lui demander de poser pour une photo avec Thomas. Tout naturellement, il met un genou à terre et passe un bras derrière le dossier du fauteuil roulant : leurs deux visages souriants sont au même niveau. Quand certains hésitent sur l'attitude à adopter, il a spontanément, et sans la moindre affectation, trouvé le geste juste. Merci !

Thomas conserve un souvenir ébloui de cette rencontre privilégiée avec Cédric Villani. Je suis convaincue que l'attention que le chercheur a eue pour lui va contribuer à lui donner force et courage pendant les mois de travail intensif qui l'attendent. Au printemps suivant, Cédric Villani aura la délicatesse d'adresser à plusieurs reprises des mails d'encouragement à Thomas pendant la période des concours, puis de le féliciter à l'occasion de son succès au concours d'entrée à l'École normale supérieure.

En quels termes a-t-on demandé à Cédric Villani de venir rendre visite à Thomas ? Quels arguments ont pu convaincre cette personnalité à l'emploi du temps surchargé ? Sans doute lui a-t-on dit qu'il était malade, fragile, que cela l'empêcherait de l'approcher lors de la conférence, et qu'il en serait très déçu. Cédric Villani a probablement voulu faire plaisir à Thomas, et peut-être entrait-il dans son geste généreux une part de pitié. Mais Thomas ne conçoit pas ainsi ses relations avec autrui et n'accepte pas ce qui pourrait ressembler à une aumône. Comme souvent, il a trouvé le moyen de transcender cette dimension de l'entrevue. Par son humour, sa finesse, son intelligence, sa joie, sa culture, il a permis à son interlocuteur de dépasser la première image qu'il pouvait avoir de lui, celle d'un garçon bien abîmé par la maladie, cloué dans son fauteuil roulant ; il a su attirer son attention et lui faire deviner la personne qu'il est réellement, celle pour qui le handicap n'est qu'un détail accessoire. C'est avec cette personne exceptionnelle que Pierre, Paul et moi vivons, c'est elle que nous côtoyons, accompagnons et aidons chaque jour : comprendre cela, c'est le premier pas indispensable pour concevoir notre bonheur qui peut sembler si paradoxal à des yeux étrangers.

Un concours

Au début de la seconde année de classes préparatoires, je prends contact avec la direction du concours des Écoles normales supérieures. Je n'ai pas oublié les « ratés » de l'organisation du bac. Dans un concours, ce type d'accident administratif compromettrait très probablement les chances de succès du candidat : je veux faire tout mon possible pour qu'il ne s'en produise pas. La deuxième année de classes préparatoires est brève : les épreuves écrites commencent en avril. On dit les organisateurs très pointilleux sur les aménagements pour les candidats handicapés et c'est bien légitime : il s'agit de concours, non d'examens, et chaque candidat reçu prive un de ses concurrents d'une place. Il est impératif que les aménagements, qu'il s'agisse de temps de composition supplémentaire, de l'utilisation de matériel ou de l'assistance d'un secrétaire, compensent strictement le handicap, sans favoriser l'élève, afin qu'aucune contestation des résultats ne soit possible. Mais les formulaires que je remplis sont les mêmes, et aussi peu explicites, que pour le brevet des collèges ou pour le bac : le concours des Écoles normales supérieures dépend du Ministère de l'Éducation nationale. Bien sûr, je les accompagne d'un courrier détaillant les besoins de Thomas et de tous les documents médicaux utiles.

L'expérience de ces dernières années m'a rendue pessimiste : je m'attends à devoir me battre. Je me trompe. Sans doute les demandes d'aménagements sont-elles moins nombreuses que pour le bac et les personnes qui les examinent plus attentives : très vite après l'envoi du dossier, le médecin du concours m'appelle. Elle a lu tous les éléments et a parfaitement pris la mesure du handicap de Thomas. Elle a aussi noté son très jeune âge et en a déduit qu'il était sans doute un élève particulièrement brillant, et un candidat sérieux au concours. Nous discutons ensemble des aménagements demandés : elle les accepte tous, et en propose même un de plus – un étalement des dates des épreuves orales, dans le cas où Thomas serait admissible, afin qu'il n'ait pas à en passer plusieurs dans la même journée. Elle m'envoie le soir même par mail son avis, qui vaut décision. Thomas pourra passer les épreuves écrites dans le centre de concours le plus proche de chez nous, qui se trouve être l'école Sainte-Geneviève. Il pourra composer en position allongée, sans corset, utiliser tout le matériel technique dont il a besoin, bénéficier d'un tiers-temps, dicter son travail à des secrétaires que le directeur en charge de l'organisation du concours, Monsieur L., recrutera en s'assurant de leurs compétences dans les disciplines concernées. L'affaire est vite et facilement conclue, contrairement à ce que je craignais. Monsieur L. m'assure que tout sera organisé à temps et conformément à nos demandes ; il tiendra parole.

En avril, Thomas passe les épreuves écrites. Il est resté fidèle à son projet initial et ne se présente qu'aux Écoles normales supérieures. La plupart des épreuves sont communes, depuis 2011, avec celles de l'École polytechnique. Paul et moi sommes tous deux polytechniciens, nous restons attachés à notre École, et aurions été heureux que Thomas puisse s'y présenter : elle permet aussi à bon nombre de ses élèves de s'orienter dans la voie de la recherche. Mais c'est une école militaire, dont les élèves ont le statut d'officiers et doivent satisfaire à des critères d'aptitude physique, condition que Thomas ne remplit évidemment pas.

Quelques mois auparavant, en notre qualité d'anciens élèves, nous avons écrit au directeur de l'X[1] pour demander si ces critères pouvaient être assouplis : en effet, le statut des élèves ne leur impose plus, comme à notre époque, une année de service militaire, ils peuvent choisir de la remplacer par un service civil, qui serait tout à fait réalisable par un élève handicapé. La suite de la scolarité comporte du sport, mais l'essentiel de son contenu est scientifique et Thomas pourrait en bénéficier sans difficulté. Quant aux débouchés, ils sont extrêmement divers et la plupart ne nécessitent pas d'aptitude physique particulière. Le nombre d'élèves qui choisissent de s'engager dans l'armée après leurs années d'école est infime. Quand nous y étions élèves, Paul et moi, un de nos camarades s'était retrouvé tétraplégique à la suite d'un accident. Après plusieurs mois de rééducation, il avait repris et terminé sa scolarité et a ensuite fait une belle carrière. Cette condition d'aptitude physique, vestige du passé, prive pour des raisons contestables notre École, que nous affectionnons, de talents comme celui de Thomas. Une telle discrimination sur un critère médical nous semble à l'heure actuelle indéfendable. Elle est d'ailleurs régulièrement combattue : une association de diabétiques a obtenu, il y a quelques années, que les

1. Surnom donné en France à l'École polytechnique.

personnes atteintes de diabète ne soient plus systématiquement exclues du concours.

La réponse du directeur est courtoise mais c'est une fin de non-recevoir : « La formation humaine et militaire en première année, puis l'engagement sportif tout au long de la scolarité, constituent une partie inhérente à la formation d'un ingénieur polytechnicien. C'est une spécificité, revendiquée au sein d'une offre de formations d'ingénieurs diversifiée, et c'est un des constituants de l'audace que nous entendons conférer à nos anciens élèves. [...] Je ne peux en aucune manière vous laisser d'espoir quant à une dérogation de quelque nature que ce soit. » Il a bien tort, à mon avis. Pour l'avoir fréquentée et aimée, je connais et respecte les valeurs républicaines et humaines portées par mon ancienne École, l'esprit d'équipe, de solidarité, d'engagement, de dépassement de soi qu'elle promeut notamment au travers des pratiques sportives intégrées dans la scolarité des élèves, ces valeurs que le directeur résume sous le vocable « audace ». Mais je sais, aussi, que bien des personnes handicapées, même si ce n'est pas sous la forme de performances physiques, partagent ces valeurs, parfois d'une manière exemplaire et édifiante, et pourraient contribuer à les développer au sein de l'École. Thomas nous le montre jour après jour : l'audace peut prendre d'autres aspects que celui du parcours du combattant tel qu'il se pratique au camp militaire de La Courtine. Il n'est pas indispensable d'être capable de « pratiquer l'escalade en montée et la descente en rappel », ou de « participer à une marche après bivouac de vingt kilomètres avec sac à dos d'un poids de dix kilogrammes »[1] pour adhérer pleinement au projet de formation de l'X ni pour servir sa Patrie. L'armée et la société civile ont besoin, autant que de sportifs de haut niveau, d'informaticiens ou de chimistes de génie. La haute fonction publique a besoin des plus grands talents. L'École, avec ces critères absurdes, s'interdit elle-même d'en recruter certains, leur fermant aussi, par ce geste, la porte des grands corps techniques de l'État : elle se prive et prive la Nation d'intelligences exceptionnelles. Pour Thomas, nous n'insistons pas. Mais je reste persuadée que les choses changeront. Dans dix ans, dans vingt ans, des personnes handicapées pourront présenter le concours de l'École polytechnique, le réussir et entrer à l'X : leur présence y semblera aussi naturelle que celle

1. Extraits de l'arrêté du 27 mai 2014 relatif aux conditions d'aptitude physique des candidats et élèves de l'École polytechnique.

des jeunes filles, qui elles aussi en étaient exclues jusqu'en 1972. Et cette évolution bénéficiera autant – si ce n'est plus – à l'École, à l'esprit qui y règne, à la formation qu'elle dispense et aux qualités des ingénieurs qu'elle diplôme qu'aux candidats aujourd'hui écartés comme Thomas.

Le fait qu'une partie des épreuves du concours des Écoles normales supérieures soient communes avec celles de l'École polytechnique est source d'une difficulté imprévue. Un accord entre les différentes écoles concernées prévoit que la surveillance des épreuves écrites soit assurée par les organisateurs du concours de l'X. Aucun étudiant handicapé n'étant autorisé à se présenter à ce concours, les officiers responsables de cette surveillance n'ont pas l'habitude d'avoir affaire à des candidats comme Thomas ; ils n'ont aucune notion des aménagements possibles et, même si Thomas peut produire leur notification officielle, ils les remettent en cause sans discontinuer. Thomas bénéficie d'un temps supplémentaire pour composer ? On pourrait dire qu'il est avantagé. Et puis, cela coûte cher en surveillance : il faut attendre sa copie qu'il rend plus tard que les autres candidats. Des scribes écrivent pour lui ? Qui garantit qu'ils ne « l'aident » pas ? Les secrétaires en question ont été choisis par le directeur du concours, qui leur a précisé leur rôle exact auprès de Thomas – noter strictement ce qu'il leur dicte, sans ajout, omission ni modification, et sans faire le moindre commentaire. Ils nous sont parfaitement inconnus – nous ne les rencontrons que le jour même de l'épreuve, ce qui garantit leur neutralité. Mais cela ne suffit pas aux officiers. Ils n'ont de cesse de critiquer le dispositif et je passe les cinq journées que durent les épreuves écrites à tenter de les empêcher de le modifier à tort et à travers, notamment en désignant eux-mêmes, à la dernière minute, d'autres secrétaires – qu'ils sont d'ailleurs bien en peine de trouver, malgré les propositions les plus fantaisistes… Ils craignent que si Thomas réussit le concours, un candidat malheureux puisse contester les résultats sous prétexte qu'il aurait été favorisé.

Je bous de rage. Thomas compose jusqu'à douze heures par jour, lui qui se fatigue si vite. Il rentre épuisé le soir, demande à ce qu'on le couche immédiatement, sans le laver ni le faire manger ; je vois bien qu'il met toutes ses forces dans la bataille. Ce concours, il l'a préparé de tout son cœur depuis deux ans. Nous ne savons pas si son état physique lui permettra de redoubler son année pour tenter sa chance une deuxième fois s'il échoue. Il n'en a pas présenté d'autres. Ces jours-ci, il joue sa vie. Les aménagements dont il bénéficie ne font que « compenser » son handicap, comme le veut la loi. Et encore, compenser, c'est un bien grand mot. On écrit pour lui sous sa dictée ; une personne habituée à écrire elle-même dans une discipline comme les mathématiques, les sciences physiques, ou l'informatique, se représentera sans peine les contraintes que cela comporte pour celui qui dicte : il faut raisonner entièrement de tête, énoncer signe par signe les formules, décrire les schémas qu'il veut voir réalisés, corriger au fur et à mesure les erreurs inévitables de notations qu'il n'aurait pas faites si sa pensée avait été transcrite par ses propres doigts, sans les intermédiaires que sont sa voix et le secrétaire. Les différents étudiants qui écrivent ces épreuves pour Thomas ne cachent pas, d'ailleurs, leur admiration pour l'intelligence avec laquelle il surmonte cette difficulté – et, d'une manière plus générale, pour le courage dont il fait preuve. Personne ne peut compenser sa fatigue ni la douleur due aux fractures qu'il se fait pendant ces journées. Qu'on puisse le soupçonner d'être favorisé me met hors de moi. Je sais bien, moi, que quoi qu'on fasse, il sera toujours au contraire pénalisé par son état de santé. S'il réussit malgré tout, ce sera en ayant fait bien plus d'efforts et de sacrifices que les autres. Son mérite en sera d'autant plus grand.

Heureusement, Monsieur L., le directeur du concours, partage mon point de vue. À distance, mais avec la plus grande fermeté, il s'assure qu'aucun détail de l'organisation qu'il a mise en place ne soit modifié. Les officiers prétendent agir dans l'intérêt de Thomas, afin que personne ne puisse contester les résultats du concours. Mais leur insistance à évoquer d'imaginaires privilèges dont il bénéficierait me donne le sentiment que la présence d'un jeune homme au corps aussi abîmé que celui de Thomas, dans un concours aussi difficile, les dérange, eux qui appartiennent à des unités militaires d'élite, où la performance physique est de rigueur. À tout le moins, elle les interpelle. Pour moi, c'est un pénible rappel de cette réalité qui fait que certains ne voient pas au-delà de son physique défaillant. Ces officiers ne perçoivent-ils pas qu'à sa manière, Thomas gravit le Mont Blanc ?

L'attente des résultats des écrits est longue et Thomas se remet vaillamment au travail pour préparer les oraux du concours. Il fait preuve d'une volonté et d'une fermeté impressionnantes, dans cette période où les élèves ne savent même pas s'ils seront admissibles, et donc autorisés à se présenter aux épreuves orales. Début juin, la publication des listes nous remplit de joie : Thomas est admissible aux quatre Écoles normales supérieures. Pour l'oral aussi, il va avoir besoin d'une organisation particulière : les locaux doivent être accessibles en fauteuil roulant, et il faut encore des personnes pour écrire pour lui, puisque ces oraux consistent pour la plupart à résoudre des exercices au tableau noir. Anticipant les démarches à faire, j'ai dégagé mon agenda pour discuter de tout cela avec l'École de la rue d'Ulm, à Paris, où se déroulent les oraux. Contre toute attente, cela s'avère inutile : avant même la publication des résultats d'admissibilité, Monsieur L. a informé le secrétariat pédagogique chargé d'organiser les épreuves de tous les aménagements nécessaires. Tout est déjà prévu. Je ne suis pas habituée à une telle attention pour Thomas. C'est un avant-goût de cet autre univers dans lequel il entrera dans quelques mois…

Début juillet, par des températures caniculaires, Thomas passe ses huit épreuves orales. Il n'est pas content de toutes, il souffre de la chaleur, les trajets en voiture et les embouteillages sont épuisants, il traverse des moments de doute et d'inquiétude, mais il pense avoir particulièrement réussi l'épreuve de mathématiques la plus importante et cela le met en confiance. Il va attendre avec une sérénité que Paul et moi sommes loin de partager les résultats d'admission, fin juillet. Et c'est avec le même calme, cette fois encore loin d'être partagé, qu'il apprendra qu'il est brillamment reçu à « Normale Sup' ».

Cet été-là, je contemple les paysages de nos vacances avec un regard émerveillé. Notre vie vient de basculer à nouveau. Car si Thomas se réjouit de son succès mais ne semble pas s'en émouvoir outre mesure, pour ma part, je pense qu'il a réalisé un exploit. À force de volonté et d'amour de la vie et des mathématiques, convaincu peut-être que rien n'est impossible, il a donné à son avenir une orientation que tout aurait dû lui interdire, il a détourné la route tracée pour lui par la nature et par la société ; je ne sais pas si beaucoup d'entre nous peuvent se prévaloir d'avoir su donner une telle impulsion à leur destin. Dépendant, Thomas ? Au sens physique, certes. Pour tout le reste, ce serait plutôt le contraire, comme il vient de nous en faire une démonstration éblouissante : il est maître de sa vie.

En quête de sens

Non, Thomas n'est pas pauvre. La pauvreté, c'est autre chose. Je découvre la mienne chaque jour. Pendant des années, je me suis révoltée contre cette maladie qui, me semblait-il, gâchait sa vie et avait bouleversé la nôtre. J'ai apostrophé Dieu et le hasard. Pourquoi de tels malheurs se produisent-ils ? À Roscoff, devant la misère des enfants que je rencontrais au centre, je me suis indignée. Un réflexe naïf me faisait associer le malheur à un châtiment. Thomas et tous ces enfants, malades dès leur naissance ou leur toute petite enfance, pour quelle faute payaient-ils donc ? Si jeunes, si purs, quel crime avaient-ils bien pu commettre qui justifie une telle punition ? Aucun, certes. Le monde était donc simplement injuste. Pourquoi ? La question m'obsédait et je ne lui imaginais aucune réponse. Mais la colère et le désespoir sont fatigants : pour ne pas épuiser mes forces, j'ai écarté de mes pensées cette quête d'une explication.

Les années ont passé. La misère de la chair continue de s'exposer sous mes yeux à longueur de journées. Le corps de Thomas n'est que douleur, il est abîmé, déformé par les fractures, couturé de cicatrices d'interventions chirurgicales. Quand un de ses os se casse, ses cris de douleur font frémir. Toute cette souffrance est laide. Le nier ou lui conférer une forme de noblesse est l'apanage de ceux qui ne la côtoient pas intimement. Mais Thomas est ailleurs que dans ce corps. Et l'être qu'il est véritablement, je l'aime, je l'admire, je le trouve beau, sa vie est précieuse et pleine de sens, elle est même indispensable. Mon incompréhension demeure, mais j'observe que le mal n'est ni absolu, ni victorieux : il n'a pas détruit, il n'a même pas appauvri la personne unique et extraordinaire qu'est Thomas.

Car Thomas, pour qui chaque jour, pourrait-on penser, est une épreuve, se réveille chaque matin avec un immense sourire. Il m'appelle pour que j'aille le lever, et m'accueille tout rempli de joie à la perspective de la journée qui s'annonce. Il a toujours des projets et des envies. Il s'intéresse à tout et ne manque jamais d'occupation. Sa fantaisie et son humour éclairent notre vie quotidienne. Souvent, le soir, nous l'entendons rire aux éclats, seul dans son lit, d'une plaisanterie de la journée. Il est toujours d'une gentillesse désarmante, s'inquiétant de notre fatigue et de nos soucis, cherchant à nous protéger et à nous ménager, alors même que c'est lui qui est malade, lui qui souffre, et lui qui est un enfant quand nous sommes des adultes. Mes tracas sont dérisoires devant l'épreuve qu'il subit. Pourtant, dans l'étrange attelage que nous formons, lui et moi, c'est bien lui qui m'entraîne. Alors que tout le freine, il est toujours plein d'allant. Alors qu'aux yeux du monde, il ne peut être que malheureux, il rayonne. Il aime la vie sans doute bien plus que la plupart des gens. Pour Paul, pour moi, peut-être aussi pour Pierre, c'est un privilège, chaque jour, que de recevoir une telle leçon. Thomas nous détache des détails et des apparences, et nous ouvre les yeux sur ce qui est beau, ce qui est vrai. Comment pourrions-nous être malheureux ?

Notre vie est ainsi faite de peines et de joies. De manière étonnante, elles ne se succèdent pas. Nous n'alternons pas moments douloureux et instants heureux et notre bonheur n'arrive pas non plus comme la suite de notre malheur. Ces sentiments sont étrangement mêlés et cohabitent en nous. La maladie de Thomas, ses fractures qui me la rappellent sans répit, restent une souffrance en toute circonstance. Rien ne peut m'en consoler. Et c'est au travers même des ténèbres que, souvent, nous apercevons la lumière. La joie de côtoyer à chaque instant un être aussi souriant que Thomas et l'amour qu'il nous inspire illuminent notre vie.

Notre condition humaine n'est donc pas seulement misérable. Elle est aussi sublime. La souffrance reste un mystère et, intellectuellement, c'est difficile à accepter. C'est peut-être elle, paradoxalement, qui nous libère. Thomas connaît mieux que quiconque ses limites et les accepte sans jamais s'en plaindre. Mais il ne laisse personne lui en fixer d'autres que celles que la nature lui a imposées. Il ne marchera jamais, mais rien ne l'empêchera de vivre pleinement et de poursuivre, comme n'importe quel homme, l'épanouissement et le bonheur auxquels il aspire. Il ne cherche pas, du moins en apparence, à comprendre pourquoi son corps lui fait défaut, n'accuse personne, ne se révolte pas. Mais il déploie jusqu'à les transcender toutes les qualités que la maladie n'entrave pas. Il rayonne d'intelligence, de volonté et de dignité, de gentillesse et de joie et encourage à chaque instant les meilleurs penchants de ceux qui le côtoient. En sa présence, on ne peut qu'éprouver respect, admiration et amour, et s'interroger soi-même sur la façon dont on accueille la condition que le hasard nous a réservée.

Je regrette aujourd'hui la colère qui m'a habitée et les forces inutilement consacrées à une quête de sens qui n'a pas abouti. Il m'a fallu du temps, et beaucoup d'efforts sur moi-même, pour accepter l'idée que cette épreuve puisse, justement, ne pas avoir de sens. Ou bien qu'elle en ait un, mais qu'il soit appelé à m'échapper toute ma vie. Je n'aurai jamais ici-bas la réponse à ces questions qui m'ont obsédée : pourquoi Thomas est-il malade ? Pourquoi des vies sont-elles si éprouvées ? Et pourquoi la sienne ? Pourquoi la nôtre ? À défaut de comprendre, je m'efforce d'accepter mon impuissance devant cette maladie, sans pour autant tomber dans la passivité ; chaque jour, il faut discerner ce sur quoi on peut avoir prise et se comporter en conséquence. Se débattre contre ce qui ne dépend pas de nous est épuisant, stérile et désespérant. Mais il me reste une liberté : la façon dont j'affronte la réalité. Je ne peux éviter les fractures de Thomas, mais je peux choisir de tout faire, par mon attitude et par mes gestes, pour l'aider à surmonter la douleur. Je ne peux le guérir de son handicap, mais je peux agir pour qu'il puisse mener la belle vie qu'il désire et pour lui donner toutes ses chances d'être heureux. Cette liberté peut sembler dérisoire, mais à moi, elle paraît immense. Et la responsabilité qui l'accompagne n'est pas moindre.

En faire usage est un exercice d'équilibre périlleux. Tous les jours, c'est un combat. Il y a quelques grandes victoires, exaltantes, dignement fêtées, et aussi une multitude de petites chutes. Chaque jour, la vie de Thomas, sa dépendance, ses souffrances, et sa joie, son appétit de vivre, sa très grande force morale, ébranlent mes certitudes, ma conception du monde et de la vie. Il n'y a pas de place pour le confort, pour l'habitude, pour le repos. Cette aventure que nous vivons avec Thomas est bien loin de se limiter aux contraintes, aux soucis et aux malheurs. Bien plus profondément, c'est une aventure spirituelle et philosophique. Tout autant que notre vie quotidienne, notre cheminement intérieur s'éloigne des sentiers battus et nous mène en terre inconnue.

Je me suis souvent demandé à quoi Thomas aurait pu ressembler sans sa maladie. Alors qu'il vit alité, la nuit, dans mes rêves, je ne l'ai jamais vu que debout. Combien de fois me suis-je désolée : si seulement il n'avait pas été handicapé ! Il aurait sans doute été parfait. En toute honnêteté, j'en suis sûre aujourd'hui : il n'aurait pas été lui-même, et le jeune homme souriant et lumineux qu'il est aurait manqué au monde. Le « pourquoi ? » n'a finalement guère d'importance : Thomas est vivant malgré sa maladie, libre malgré son handicap, joyeux malgré ses souffrances, beau malgré son infirmité, aimé de tout son entourage qu'il édifie et rend heureux. Je ne sais toujours pas pourquoi le mal existe, mais il n'a pas eu le dernier mot : c'est tout ce qui compte.

« Mais moi, j'aime la vie ! »

Thomas a quatorze ans, il est en terminale. Le cours d'anglais aborde, comme le veut le programme, certains sujets de société. Ce jour-là, Thomas étudie un texte qui porte sur le thème de l'avortement. J'évite d'ordinaire de prendre l'initiative de ce genre de questions avec mes enfants : je préfère attendre que l'occasion se présente et que les interrogations viennent d'eux. Thomas est encore assez naïf et me demande des explications. Comme toujours dans ces conversations délicates avec mes garçons adolescents, j'essaie de donner des informations factuelles, les plus neutres possible, et j'attends de voir comment ils réagissent avant d'entrer éventuellement dans des considérations éthiques ou morales. J'explique donc à Thomas que l'avortement consiste à interrompre une grossesse, et que la loi française l'autorise dans deux circonstances, soit en tout début de grossesse, sans que la femme ait à motiver sa décision, soit à n'importe quel moment, pour des raisons dites « thérapeutiques », notamment si le bébé est malade. La question fuse, immédiate : « Ma maladie, si elle avait été détectée pendant la grossesse, aurait-elle justifié un avortement ? » Je ne peux mentir : oui, sa maladie, grave et incurable, qui incontestablement fait beaucoup souffrir celui qui en est atteint et le handicape lourdement, entre dans les critères qui permettent cette « interruption médicale de grossesse ». On avorte pour bien moins, d'ailleurs, mais je m'abstiens de le lui préciser. Je n'oublierai jamais le regard effaré de Thomas, ni son exclamation : « Mais moi, j'aime la vie ! »

J'imagine trop bien la peine d'une maman qui apprend que son enfant, pas encore né, est très malade. Je sais la peur indicible qu'elle éprouve de le voir souffrir et celle, aussi, de n'être pas capable, peut-être, de s'en occuper. Je constate autour de moi la fragilité des couples et des familles. Je ne juge donc personne. Mais dans notre société qui bien souvent s'arroge le droit de mort sur des êtres humains en puissance, pas encore nés, ou, à l'autre extrémité, sur des personnes en fin de vie, et peut-être même demain sur des personnes gravement handicapées, sous couvert de compassion pour les très grandes souffrances supposées de ces personnes, je dois répéter cette phrase de Thomas.

Si l'on ne prend en compte que les critères habituels du monde contemporain, Thomas ne peut être que malheureux. Or, il l'affirme avec force et conviction : il aime la vie. Et moi, qui l'accompagne depuis dix-neuf ans, dans une intimité que sa dépendance ne fait qu'accroître, moi, qui suis la spectatrice quotidienne et privilégiée de cette vie, je témoigne qu'il dit la vérité. Privé par la nature de beaucoup de possibilités et de joies, il sait trouver et apprécier toutes celles qui lui sont accessibles, et elles sont nombreuses et essentielles. Force est de constater que l'énergie et la joie rayonnante de Thomas se communiquent à tous ceux qui l'entourent. Il contribue au bonheur et à l'édification de ceux qui l'approchent, et je ne doute pas que l'avenir montrera tout ce qu'il peut apporter au monde. Si quelqu'un avait dû évaluer l'utilité et la qualité de la vie de Thomas, il aurait peut-être, de bonne foi, considéré comme charitable l'acte de lui épargner de vivre ; il aurait alors fait une erreur totale, absolue, et irrémédiable.

Il faut haïr et combattre la souffrance. Pour l'éradiquer, certains pourraient aller jusqu'à anéantir celui qui la supporte. Sous le prétexte de le soulager, c'est plus probablement eux-mêmes qu'ils cherchent à protéger d'une idée qui leur est intolérable, celle de la fragilité de l'être humain. En même temps, notre société fait des efforts pour inclure, au même titre que d'autres minorités discriminées, les personnes handicapées. Des moyens colossaux sont mis en œuvre pour elles afin de rendre accessibles les lieux publics, d'accueillir élèves et étudiants dans les milieux scolaire et universitaire, d'associer les adultes à la vie de la société – même si on a pu voir, dans ces pages, que cela se pratique souvent de manière irréaliste et inefficace. L'idéologie de l'intégration des personnes handicapées se heurte à celle qui ose poser la question de leur droit à la vie. Notre monde ne craint ni le paradoxe ni l'incohérence : on autorise, jusqu'au dernier jour de la grossesse, des avortements de bébés malades ou handicapés, et dans le même temps, dans les mêmes hôpitaux, on utilise des techniques médicales toujours plus sophistiquées pour faire vivre d'autres bébés très grands prématurés, parfois au prix de séquelles très lourdes. Tout se mélange : charité, compassion, sentimentalisme, progrès de la science, morale, éthique, vision de l'homme. Et c'est peut-être là que réside le problème : bien souvent, une perception individuelle et immédiate des situations, guidée par l'émotion, prime malheureusement sur une réflexion difficile et exigeante, mais néanmoins indispensable, sur le sens et la valeur que notre société confère à la vie humaine.

C'est bien du désespoir que nous avons ressenti il y a dix-huit ans, à l'annonce de la maladie de Thomas, mais la joie et l'émerveillement que nous éprouvons aujourd'hui à le côtoyer chaque jour sont l'aboutissement d'un chemin qui ne peut témoigner que d'espérance. Nous avons cru nos vies gâchées par le handicap de notre fils et la sienne condamnée au malheur et à la souffrance. Au fil des années, nous avons découvert à quel point nous étions dans l'erreur : Thomas est heureux, rayonnant, et je crois que Paul et moi sortons grandis de notre épreuve. La différence nous effrayait, nous avons compris qu'elle pouvait être une richesse. Nous avons été obligés de reconsidérer ce qui était essentiel dans nos vies, de remettre en ordre les valeurs qui guidaient notre conduite. Notre vie n'est pas celle que nous avions imaginée, mais elle nous semble pleine de sens. J'aimerais tant que notre parcours s'inscrive dans un mouvement de l'ensemble de notre société ! Elle essaie de faire une place aux personnes handicapées, mais le handicap continue de déranger. S'il est, pour celui qu'il touche, une souffrance et un obstacle à surmonter, il ne devrait pas l'être pour les autres. La société tente de compenser les difficultés qu'il provoque, mais persiste souvent à ne voir les personnes handicapées qu'au travers de leurs déficiences, les reléguant à un statut d'assistés, au lieu d'essayer de discerner ce qui peut au contraire faire la force de chacune d'entre elles, et de l'aider à faire éclore ses qualités singulières, dont l'épanouissement profiterait à tous. Le parcours semé d'embûches de Thomas en est une illustration flagrante.

Ce texte arrive à son terme et le lecteur attend probablement sa conclusion. Celui qui m'a fait l'honneur de me lire jusqu'ici n'est plus tout à fait un étranger. Il a été le spectateur de quelques moments essentiels, et parfois intimes, de mon existence. Je lui ai confié mes tourments et mes joies, il a suivi les méandres de mes réflexions, il a partagé, peut-être, mes colères, mes chagrins ou mes grands bonheurs. Comme moi, il a vu Thomas s'affranchir aussi bien du carcan physique que la nature lui a imposé que des limites que la société, les habitudes ou les conventions voudraient lui fixer. Il m'a donné de son temps et de son attention. Encouragée par cette relation qui s'est créée entre lui et moi, je prends la liberté de le tutoyer.

C'est donc à toi, Lecteur, que je m'adresse. Il t'est aisé de deviner les convictions que je me suis forgées au fil de cette histoire, mais il est vrai que je suis de parti pris. Je ne t'ai pas caché mes opinions, mais te les imposer serait faire injure à ton discernement et à ton libre arbitre. À toi donc, Lecteur, témoin, avec moi, du parcours de Thomas, de son courage, de sa volonté, de son désir de vivre, de ses difficultés aussi, je pose ces questions : quel sens donnons-nous à la vie humaine, quelle valeur lui accordons-nous ? Quel regard posons-nous sur notre semblable, abîmé par la maladie ou l'accident, au corps ou à l'esprit défectueux selon nos critères médicaux modernes ? Thomas, dans son corps infirme, mais dont les défaillances l'obligent à s'attacher toujours à l'essentiel et à la vérité, délaissant tout faux-semblant, que ce soit dans sa vie intellectuelle, sociale, affective ou spirituelle, est-il moins humain que nous, sa vie a-t-elle moins de prix que la nôtre ? Le handicap, la maladie, le grand âge, la fragilité diminuent-ils, à nos yeux, la dignité de celui qu'ils touchent ? Entravent-ils sa liberté ? Le rendent-ils inutile et malheureux ? Estimons-nous, en conscience, que la place qui lui est faite dans notre société est juste ? La responsabilité qui nous incombe est grande. Qu'allons-nous faire ?

REMERCIEMENTS

Le succès de Thomas et les grandes joies qu'il en tire aujourd'hui ont un goût de victoire après un long combat contre l'adversité. Des obstacles, il y en a eu, et beaucoup. Les lignes critiques, parfois virulentes, n'ont pas manqué dans ce texte. Je tiens à assurer d'autant plus vivement de ma gratitude tous ceux qui, d'une manière ou d'une autre, nous ont soutenus et entourés et ont contribué, et contribuent encore, à rendre plus belle la vie de Thomas. Merci donc :

À toi, Paul. J'ai toujours pu compter sur ton amour, pour moi et pour nos enfants, sur ta force, sur ton calme et sur ton appui infaillibles. La solidité de notre ménage et notre équilibre conjugal m'ont permis de ne pas sombrer dans les pires moments, et l'assurance que tu partageais mes convictions de ne pas me décourager dans certaines batailles. Sans toi, je n'aurais pas pu accompagner Thomas comme je l'ai fait. Sans leur Papa, nos fils ne seraient pas devenus les jeunes adultes épanouis qu'ils sont aujourd'hui.

À Pierre. T'attendre m'a préservée du naufrage. Ton enfance facile et gaie nous a procuré les joies d'une famille « normale ». Ta gentillesse jamais démentie, ta bonne humeur imperturbable, ton humour facétieux éclairent notre vie. Le petit garçon espiègle s'est mué en un jeune homme solide, équilibré, généreux qui nous comble de fierté. Tu es notre roc.

À nos familles et à nos amis. Que vous fassiez partie du cercle le plus proche ou d'une communauté très élargie, votre affection, votre soutien moral, qu'il ait été passager ou bien de longue haleine, les services innombrables que vous nous avez rendus, vos attentions, votre disponibilité nous ont été d'un immense secours.

Aux auxiliaires de vie scolaire qui ont efficacement accompagné Thomas. C'est grâce à vous, qui l'avez entouré avec intelligence et sollicitude, qui avez fait montre d'engagement, de dévouement et de sensibilité, qu'il a pu mener à bien ses projets. Nous vous en serons toujours redevables.

Aux enseignants, aux chefs d'établissement, aux personnels de l'Éducation nationale qui ont œuvré au bon déroulement de la scolarité de Thomas.

Que ce soit à l'école, au collège, au lycée, en classes préparatoires, à l'École normale supérieure, vous n'avez pas compté le temps et l'énergie que vous lui consacriez pour lui permettre de profiter au mieux de ses études malgré ses contraintes, ses absences ou sa fatigue. Votre bienveillance, votre discrétion, votre délicatesse ont été un soutien pour toute la famille.

Aux médecins, professionnels de santé, rééducateurs, appareilleurs qui suivent Thomas depuis des années. Vous mettez votre science au service de vos patients et ne cédez jamais à la tentation de les assujettir à la technique. Vous soignez des personnes, pas des maladies. Notre longue fréquentation des milieux médicaux nous a montré que ce respect que vous avez pour Thomas n'est malheureusement pas universel : nous vous en sommes d'autant plus reconnaissants.

Aux associations de malades et de personnes handicapées, qui les aident, ainsi que leurs familles, à se repérer dans les méandres de l'administration, à défendre leurs droits, à affirmer leur liberté de vivre comme ils l'entendent.

Aux Éditions du Cerf, et tout particulièrement à Guillemette Gouhier. En croyant à l'utilité de ce livre et m'aidant à lui donner sa forme, vous reconnaissez et mettez en lumière le sens de la vie de Thomas.

À Cédric Villani. Vous avez eu la gentillesse de vous intéresser à Thomas il y a quelques années. Aujourd'hui pris par d'innombrables activités publiques et sollicité de toutes parts, vous acceptez néanmoins de préfacer ce texte : Thomas et moi en sommes très heureux et honorés.

À tous ceux, qu'ils soient ou non évoqués dans ces pages, qui ont croisé le chemin de Thomas, ont été touchés par sa personne et par son histoire, et ont vu en lui un semblable et un égal.

TABLE

Composition et mise en pages
Nord Compo à Villeneuve-d'Ascq

Imprimé en France

N° d'imprimeur : 905031
Achevé d'imprimer par Laballery en mai 2019
Dépôt légal : mai 2019